现代数学译丛 10

调和分析基础教程

（第二版）

〔德〕Anton Deitmar　著

丁　勇　译

科 学 出 版 社

北　京

图字：01-2007-3531 号

内 容 简 介

本书是一本调和分析的入门书. 全书分为三部分, 首先, 给出了直线 $\mathbb{R}$ 上的 Fourier 分析理论, 包括 Fourier 级数和 Fourier 变换; 接着, 将 $\mathbb{R}$ 上的 Fourier 分析思想推广到局部紧 Abel 群(LCA 群)上; 最后, 介绍了非交换群上调和分析技巧, 特别地, 以 Heisenberg 群为例描述了非紧非交换群上的 Fourier 分析理论. 每章后都配备了一定数量的习题, 可作为本书内容的补充或延伸.

本书可作为高等院校数学专业高年级本科生的选修课教材和相关专业硕士研究生的基础课教材, 也可供相关专业的教师和研究人员参考选用.

图书在版编目(CIP)数据

调和分析基础教程/(德)特玛 (Deitmar, A.)著; 丁勇译. —北京: 科学出版社, 2009
(现代数学译丛; 10)
ISBN 978-7-03-025756-7
I. 调… II. ①特… ②丁… III. 调和分析-研究生-教材 IV. O177.5
中国版本图书馆 CIP 数据核字(2009)第 180765 号

责任编辑: 赵彦超 / 责任校对: 宋玲玲
责任印制: 吴兆东 / 封面设计: 王 浩

科学出版社 出版
北京东黄城根北街 16 号
邮政编码: 100717
http://www.sciencep.com
北京凌奇印刷有限责任公司印刷
科学出版社发行 各地新华书店经销
*
2009 年 10 月第 一 版 开本: 720×1000 1/16
2025 年 2 月第七次印刷 印张: 10
字数: 185 000
定价: 68.00 元
(如有印装质量问题 我社负责调换)

第二版前言

本书是为高年级本科生和低年级研究生写的调和分析入门书. 调和分析的所有主要思想在引入中并没有太多的复杂技术. 例如, 本书完全基于 Riemann 积分以代替所需的 Lebesgue 积分. 此外, 所有拓扑问题都完全在度量空间中处理, 这项工作是十分令人惊奇的. 实际上, 它表明这个美妙的中心思想和有用的理论完全可以运用很少的技术背景来阐述.

本书第一个目的是简单介绍 Fourier 分析, 导出 Poisson 求和公式. 第二个目的是使读者认识到体现 Fourier 理论最重要的两个概念: Fourier 级数和 Fourier 变换, 是产生于局部紧 Abel 群上更一般理论的特殊情况. 本书第三个目的是介绍应用于非交换群的调和分析中的技巧. 这些技巧通过以矩阵群作为主要例子来描述.

本书第一部分处理 Fourier 分析. 第 1 章从 Fourier 级数理论的基本论述开始, 直至 L^2 完备性. 在第 2 章, 此结论通过 Hilbert 空间重新论述, 而 Hilbert 空间的基本理论也呈现在本章. 第 3 章处理 Fourier 变换, 集中在逆定理和 Plancherel 定理, 并且将 Fourier 级数理论与 Fourier 变换结合于最有用的 Poisson 求和公式中. 最后, 分布在第 4 章导出, 如没有这个推广经典函数空间的思想, 现代分析是不可想象的.

本书第二部分致力于推广 Fourier 分析思想到局部紧 Abel 群 (简记为 LCA 群) 上. 在介绍性的第 5 章中, 整个理论以有限 Abel 群作为基本模型而展开. 一般的结构在第 6 章通过介绍 LCA 群的概念给出, 一部分拓扑也在这个阶段给出. 第 7 章处理 Pontryagin 对偶性. 证明了对偶仍然是 LCA 群, 同时给出了对偶定理. 最后, 通过第 8 章的 Plancherel 定理结束第二部分. 该定理是 Fourier 级数完备性的推广, 正如直线上的 Plancherel 定理一样.

本书第三部分希望给读者非交换调和分析领域的初步印象. 第 9 章介绍的方法应用于矩阵群的分析中, 诸如指数级数理论和 Lie 代数. 运用这些方法, 在第 10 章得到了群 SU(2) 的表示的分类. 在第 11 章给出了 Peter-Weyl 定理, 它在紧非交换群的范畴中推广了 Fourier 级数的完备性, 也给出了正则表示作为不可约的直和分解. 在第 12 章, 以 Heisenberg 群为例描述了非紧非交换群的理论. 一般地, 正则表示分解为直积分而不是直和. 对于 Heisenberg 群, 明确给出了这个分解.

感谢 Robert Burckel 和 Alexander Schmidt 关于本书的最有益的评论. 也感谢

Moshe Adrian, Mark Pavey, Jose Carlos 及 Masamichi Takesaki 指出本书第一版中的错误.

Anton Deitmar

2004 年 6 月

各章间的关系及数集的记号

各章间的关系图

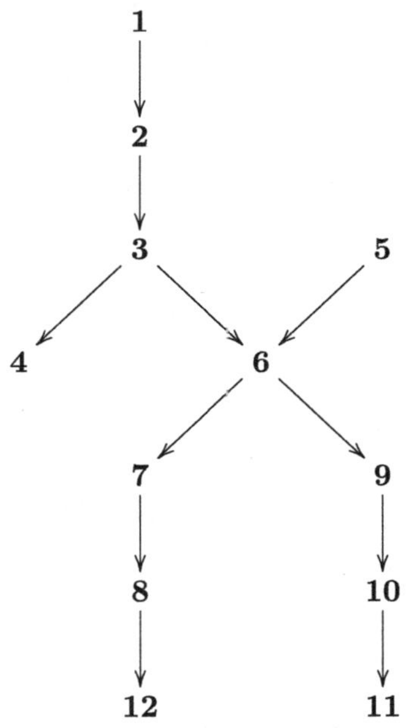

记　　号

用 $\mathbb{N}=\{1,2,3,\cdots\}$ 表示自然数集合, 而 $\mathbb{N}_0=\{0,1,2,\cdots\}$ 表示带零的扩张自然数集合. 整数集合记为 $\mathbb{Z}$, 有理数集合记为 $\mathbb{Q}$, 实数和复数集合分别记为 $\mathbb{R}$ 和 $\mathbb{C}$.

目　　录

第二版前言

各章间的关系及数集的记号

第一部分　Fourier 分析

第 1 章　Fourier 级数 …… 3

1.1　周期函数 …… 3

1.2　指数 …… 4

1.3　Bessel 不等式 …… 6

1.4　依 L^2 范数收敛 …… 7

1.5　Fourier 级数的一致收敛 …… 13

1.6　回到周期函数 …… 14

1.7　习题 …… 15

第 2 章　Hilbert 空间 …… 18

2.1　准 Hilbert 和 Hilbert 空间 …… 18

2.2　ℓ^2 空间 …… 21

2.3　正交基和完备化 …… 23

2.4　回到 Fourier 级数 …… 26

2.5　习题 …… 27

第 3 章　Fourier 变换 …… 30

3.1　收敛定理 …… 30

3.2　卷积 …… 32

3.3　变换 …… 34

3.4　反演公式 …… 36

3.5　Plancherel 定理 …… 39

3.6　Poisson 求和公式 …… 40

3.7　Θ 级数 …… 42

3.8　习题 …… 42

第 4 章　分布 …… 44

4.1　定义 …… 44

4.2　分布的导数 …… 45

4.3　缓增分布 …… 46

4.4 Fourier 变换 ······ 48
4.5 习题 ······ 51

第二部分 LCA 群

第 5 章 有限 Abel 群 ······ 55
5.1 对偶群 ······ 55
5.2 Fourier 变换 ······ 57
5.3 卷积 ······ 58
5.4 习题 ······ 59
第 6 章 LCA 群 ······ 60
6.1 度量空间和拓扑 ······ 60
6.2 完备化 ······ 65
6.3 LCA 群 ······ 69
6.4 习题 ······ 70
第 7 章 对偶群 ······ 74
7.1 LCA 群的对偶 ······ 74
7.2 Pontryagin 对偶性 ······ 78
7.3 习题 ······ 79
第 8 章 Plancherel 定理 ······ 81
8.1 Haar 积分 ······ 81
8.2 Fubini 定理 ······ 85
8.3 卷积 ······ 88
8.4 Plancherel 定理 ······ 90
8.5 习题 ······ 92

第三部分 非交换群

第 9 章 矩阵群 ······ 97
9.1 $\mathrm{GL}_n(\mathbb{C})$ 和 $\mathrm{U}(n)$ ······ 97
9.2 表示 ······ 99
9.3 指数 ······ 99
9.4 习题 ······ 104
第 10 章 SU(2) 的表示 ······ 107
10.1 Lie 代数 ······ 108
10.2 表示 ······ 111
10.3 习题 ······ 111
第 11 章 Peter-Weyl 定理 ······ 113
11.1 表示的分解 ······ 113

11.2　Hom(V_γ, V_π) 上的表示 …… 113
11.3　Peter-Weyl 定理 …… 114
11.4　重新论述 …… 117
11.5　习题 …… 117
第 12 章　Heisenberg 群 …… 119
12.1　定义 …… 119
12.2　酉对偶 …… 120
12.3　Hilbert-Schmidt 算子 …… 123
12.4　$\mathcal{H}$ 上的 Plancherel 定理 …… 127
12.5　再次论述 …… 129
12.6　习题 …… 132
参考文献 …… 133
附录 A　Riemann ζ 函数 …… 135
附录 B　Haar 积分 …… 138
索引 …… 144
《现代数学译丛》已出版书目 …… 147

第一部分

Fourier 分析

第 1 章　Fourier 级数

Fourier 级数理论涉及一个给定的周期函数, 如心电图或无线电脉冲信号是否能写成单波和的问题. 所谓单波和, 用数学术语来描述就是形如 $c\sin(2\pi kx)$ 或 $c\cos(2\pi kx)$, 这里 k 为整数, 而 c 为实或复数.

公式

$$\mathrm{e}^{2\pi\mathrm{i}x} = \cos 2\pi x + \mathrm{i}\sin 2\pi x$$

表明, 如函数 f 对某些常数 c_k 能写成指数和

$$f(x) = \sum_{k\in\mathbb{Z}} c_k \mathrm{e}^{2\pi\mathrm{i}kx},$$

那么 f 也能写成单波的和. 此观点的好处在于它给出了一个简单的公式并且更适合于一般化. 由于指数 $\mathrm{e}^{2\pi\mathrm{i}kx}$ 是复值的, 所以人们自然地考虑复值周期函数.

1.1 周期函数

函数 $f:\mathbb{R}\to\mathbb{C}$ 称为周期 L 的, $L>0$, 如对任意的 $x\in\mathbb{R}$,

$$f(x+L) = f(x).$$

如 f 是周期 L 的, 则函数

$$F(x) = f(Lx)$$

是周期 1 的. 此外, 由于 $f(x) = F(x/L)$, 故只需讨论周期 1 的函数. 为简单起见, 将称这样的函数为周期的.

例　函数 $f(x) = \sin 2\pi x$, $f(x) = \cos 2\pi x$ 及 $f(x) = \mathrm{e}^{2\pi\mathrm{i}x}$ 都是周期的. 更进一步, 半开区间 $[0,1)$ 上给定的任一函数都能以唯一方法延拓为周期函数.

回顾复向量空间 V 上内积 $\langle\cdot,\cdot\rangle$ 的定义, 它是从 $V\times V$ 到 $\mathbb{C}$ 的映射, 满足:

- 对每一个 $\omega\in V$, 映射 $v\to\langle v,\omega\rangle$ 是 $\mathbb{C}$ 线性的;
- $\langle v,\omega\rangle = \overline{\langle\omega,v\rangle}$;
- $\langle\cdot,\cdot\rangle$ 是正定的, 即 $\langle v,v\rangle\geqslant 0$, 且 $\langle v,v\rangle = 0$ 蕴含了 $v=0$.

如 f, g 为周期的, 则对 $a,b\in\mathbb{C}$, $af+bg$ 也是周期的, 因此周期函数的全体构成一个复向量空间. 记所有连续周期函数 $f:\mathbb{R}\to\mathbb{C}$ 的线性子空间为 $C(\mathbb{R}/\mathbb{Z})$. 为

后面的运用, 也记 $C^\infty(\mathbb{R}/\mathbb{Z})$ 为所有无穷阶可微周期函数 $f:\mathbb{R}\to\mathbb{C}$ 的空间. 对于 $f,g\in C(\mathbb{R}/\mathbb{Z})$, 令

$$\langle f,g\rangle=\int_0^1 f(x)\overline{g(x)}\mathrm{d}x,$$

其中 $\overline{g(x)}$ 表 $g(x)$ 的复共轭, 而复值函数 $h(x)=u(x)+\mathrm{i}v(x)$ 的积分由线性定义, 即

$$\int_0^1 h(x)\mathrm{d}x=\int_0^1 u(x)\mathrm{d}x+\mathrm{i}\int_0^1 v(x)\mathrm{d}x.$$

那些至今只了解实值函数积分的读者应花几分钟来验证复值函数的积分也满足通常的运算法则, 这可以通过分解函数的实部和虚部而归结为实值函数的情形. 例如, 如果 $f:[0,1]\to\mathbb{C}$ 是连续可微的, 那么 $\displaystyle\int_0^1 f'(x)=f(1)-f(0)$.

引理 1.1.1 $\langle\cdot,\cdot\rangle$ 定义了向量空间 $C(\mathbb{R}/\mathbb{Z})$ 上的一个内积.

证明 $\mathbb{C}$ 线性性只是一个简单的习题, 从而亦有 $\langle f,g\rangle=\overline{\langle g,f\rangle}$. 至于正定性, 因为

$$\langle f,f\rangle=\int_0^1 |f(x)|^2\mathrm{d}x$$

是一个实值及非负函数的积分, 所以它是实的且非负. 最后, 令 $f\neq 0$, 并记 $g(x)=|f(x)|^2$. 则 g 为连续函数. 由 $f\neq 0$, 存在 $x_0\in[0,1]$ 使 $g(x_0)=\alpha>0$. 这样由 g 的连续性, 存在 $\varepsilon>0$, 使得对每个满足 $|x-x_0|<\varepsilon$ 的 $[0,1]$ 中的 x 有 $g(x)>\alpha/2$. 此蕴含了

$$\langle f,f\rangle=\int_0^1 g(x)\mathrm{d}x\geqslant\int_{|x-x_0|<\varepsilon}\frac{\alpha}{2}\mathrm{d}x\geqslant\varepsilon\alpha>0.$$ □

1.2 指 数

现在详细研究周期指数映射. 设 $k\in\mathbb{Z}$, 令

$$e_k(x)=\mathrm{e}^{2\pi\mathrm{i}kx},$$

那么 $e_k\in C(\mathbb{R}/\mathbb{Z})$. 下面的引理给出了 e_k 的内积.

引理 1.2.1 如 $k,l\in\mathbb{Z}$, 则

$$\langle e_k,e_l\rangle=\begin{cases}1, & 若\ k=l,\\ 0, & 若\ k\neq l.\end{cases}$$

特别地，由此得出，当 k 变化时，得到向量空间 $C(\mathbb{R}/\mathbb{Z})$ 中线性无关的向量. 最后，如果某些系数 $c_k \in \mathbb{C}$, 使

$$f(x) = \sum_{k=-n}^{n} c_k e_k(x),$$

那么对每个 k,

$$c_k = \langle f, e_k \rangle.$$

证明　若 $k = l$, 则

$$\langle e_k, e_l \rangle = \int_0^1 \mathrm{e}^{2\pi \mathrm{i} kx} \mathrm{e}^{-2\pi \mathrm{i} kx} \mathrm{d}x = \int_0^1 1 \mathrm{d}x = 1.$$

现令 $k \neq l$ 且 $m = k - l \neq 0$, 则

$$\langle e_k, e_l \rangle = \int_0^1 \mathrm{e}^{2\pi \mathrm{i} mx} dx = \frac{1}{2\pi \mathrm{i} m} \mathrm{e}^{2\pi \mathrm{i} mx} \bigg|_0^1 = \frac{1}{2\pi \mathrm{i} m}(1-1) = 0.$$

下面推出线性无关性. 设对 $n \in \mathbb{N}$ 及系数 $\lambda_k \in \mathbb{C}$, 有

$$\lambda_{-n} e_{-n} + \lambda_{-n+1} e_{-n+1} + \cdots + \lambda_n e_n = 0.$$

我们必须说明所有系数 λ_k 为零. 为此，令 k 为 $-n$ 和 n 之间的一个整数，那么

$$\begin{aligned} 0 &= \langle 0, e_k \rangle \\ &= \langle \lambda_{-n} e_{-n} + \cdots + \lambda_n e_n, e_k \rangle \\ &= \lambda_{-n} \langle e_{-n}, e_k \rangle + \cdots + \lambda_n \langle e_n, e_k \rangle \\ &= \lambda_k. \end{aligned}$$

这样 (e_k) 是线性无关的. 同样的方法可知，对引理中的 f, 有 $c_k = \langle f, e_k \rangle$. □

令 $f : \mathbb{R} \to \mathbb{C}$ 是周期的且在区间 $[0, 1]$ 上 Riemann 可积. 则数

$$c_k(f) = \langle f, e_k \rangle = \int_0^1 f(x) \mathrm{e}^{-2\pi \mathrm{i} kx} \mathrm{d}x, \quad k \in \mathbb{Z},$$

称为 f 的 Fourier 系数. 级数

$$\sum_{k=-\infty}^{\infty} c_k(f) \mathrm{e}^{2\pi \mathrm{i} kx} = \sum_{k=-\infty}^{\infty} c_k(f) e_k(x),$$

即下面部分和序列

$$S_n(f) = \sum_{k=-n}^{n} c_k(f) e_k,$$

称为 f 的 Fourier 级数. 注意, 到目前为止, 我们并没有给出 Fourier 级数收敛的断言. 实际上, 它不必是点态收敛的. 我们将说明在 L^2 意义下它收敛, 此概念将在后面说明.

记 $R(\mathbb{R}/\mathbb{Z})$ 是所有在 $[0,1]$ 上 Riemann 可积的周期函数 $f:\mathbb{R}\to\mathbb{C}$ 的 $\mathbb{C}$ 向量空间. 由于每一个区间 $[0,1]$ 上的连续函数是 Riemann 可积的, 因此 $C(\mathbb{R}/\mathbb{Z})$ 是 $R(\mathbb{R}/\mathbb{Z})$ 的一个子空间. 注意到内积 $\langle\cdot,\cdot\rangle$ 可延拓到 $R(\mathbb{R}/\mathbb{Z})$ 上, 但它不再是正定的 (见习题 1.2).

对 $f\in C(\mathbb{R}/\mathbb{Z})$, 令

$$\|f\|_2=\sqrt{\langle f,f\rangle}.$$

那么 $\|\cdot\|_2$是空间 $C(\mathbb{R}/\mathbb{Z})$ 上的一个范数, 即

- 它是正齐性的[①]: $\|\lambda f\|_2=|\lambda|\|f\|_2\quad \lambda\in\mathbb{C}$;
- 它是正定的: $\|f\|_2\geqslant 0$, 且 $\|f\|_2=0\Rightarrow f=0$;
- 它满足三角不等式: $\|f+g\|_2\leqslant\|f\|_2+\|g\|_2$.

证明见第 2 章. 范数 $\|\cdot\|_2$ 也可延拓至 $R(\mathbb{R}/\mathbb{Z})$ 中, 但它没有正定性.

1.3　Bessel 不等式

Bessel 不等式给出了 Fourier 系数的平方范数和的估计. 在 Fourier 级数理论中它是极为重要的, 其证明基于下面的引理.

引理 1.3.1　设 $f\in R(\mathbb{R}/\mathbb{Z})$, 对 $k\in\mathbb{K}$, 记 $c_k=\langle f,e_k\rangle$ 是其 Fourier 系数. 那么对一切 $n\in\mathbb{N}$,

$$\left\|f-\sum_{k=-n}^{n}c_ke_k\right\|_2^2=\|f\|_2^2-\sum_{k=-n}^{n}|c_k|^2.$$

证明　记 $g=\sum\limits_{k=-n}^{n}c_ke_k$. 则

$$\langle f,g\rangle=\sum_{k=-n}^{n}\overline{c_k}\langle f,e_k\rangle=\sum_{k=-n}^{n}\overline{c_k}\,c_k=\sum_{k=-n}^{n}|c_k|^2,$$

且

$$\langle g,g\rangle=\sum_{k=-n}^{n}\overline{c_k}\langle g,e_k\rangle=\sum_{k=-n}^{n}|c_k|^2.$$

---

① 原书称范数的此条性质为 “multiplicative”, 这里及后面均改称为 “正齐性”.—— 译者注

因此

$$\begin{aligned}\|f-g\|_2^2 &= \langle f-g, f-g\rangle \\ &= \langle f,f\rangle - \langle f,g\rangle - \langle g,f\rangle + \langle g,g\rangle \\ &= \|f\|_2^2 - \sum_{k=-n}^{n}|c_k|^2 - \sum_{k=-n}^{n}|c_k|^2 + \sum_{k=-n}^{n}|c_k|^2 \\ &= \|f\|_2^2 - \sum_{k=-n}^{n}|c_k|^2.\end{aligned}$$

这样就证明了引理. □

定理 1.3.2 (Bessel 不等式) 设 $f \in R(\mathbb{R}/\mathbb{Z})$, 其 Fourier 系数为 (c_k). 则

$$\sum_{k=-\infty}^{\infty}|c_k|^2 \leqslant \int_0^1 |f(x)|^2 \mathrm{d}x.$$

证明 引理说明, 对一切 $n \in \mathbb{N}$,

$$\sum_{k=-n}^{n}|c_k|^2 \leqslant \|f\|_2^2.$$

令 $n \to \infty$ 便得到定理. □

1.4 依 L^2 范数收敛

现在导出 L^2 收敛性的概念, 它对于 Fourier 级数收敛是恰当的. 设 $f \in R(\mathbb{R}/\mathbb{Z})$ 且 f_n 是 $R(\mathbb{R}/\mathbb{Z})$ 中的一个序列. 如

$$\lim_{n\to\infty}\|f-f_n\|_2 = 0,$$

则说序列 f_n 依 L^2 范数收敛于 f. 注意, 如序列 f_n 依 L^2 范数收敛于 f, 它不必是点态收敛的 (见习题 1.4). 反之, 如序列点态收敛, 它也不必依 L^2 范数收敛 (见习题 1.6).

实际上, 蕴含 L^2 收敛的是一致收敛. 回顾一个函数列 f_n 在区间 I 上一致收敛于 f, 如对任意 $\varepsilon > 0$, 存在 $n_0 \in \mathbb{N}$ 使对一切 $n \geqslant n_0$ 和一切 $x \in I$,

$$|f(x) - f_n(x)| < \varepsilon.$$

点态收敛和一般收敛的差别在于这样一个事实: 在一致收敛的情形下, 数 n_0 不依赖于 x, 它对所有 $x \in I$ 可一致选取.

如序列 f_n 一致收敛于 f, 且所有 f_n 均连续, 则函数 f 也连续.

例

- 函数列 $f_n(x) = x^n$ 在区间 $I = [0,1]$ 点态收敛于函数

$$f(x)=\begin{cases}0, & x<1,\\ 1, & x=1.\end{cases}$$

但不是一致收敛于 f. 然而, 在每个子区间 $[0,a]$ $(0<a<1)$ 上, 该序列一致收敛于零函数.

- 对函数列 $a_k(x)$, $x\in I$, 记 $f_n(x)=\sum_{k=1}^n a_k(x)$. 设存在正实数列 c_k 使得对每个 $k\in\mathbb{N}$ 及 $x\in I$, 有 $|a_k(x)|\leqslant c_k$. 如果

$$\sum_{k\in\mathbb{N}} c_k<\infty,$$

那么函数列 f_n 一致收敛于函数 $f(x)=\sum_{k=1}^\infty a_k(x)$.

命题 1.4.1 若函数列 f_n 在 $[0,1]$ 上一致收敛于 f, 则 f_n 依 L^2 范数收敛于 f.

证明 令 $\varepsilon>0$. 则存在 n_0, 使对所有 $n\geqslant n_0$ 及一切 $x\in[0,1]$,

$$|f(x)-f_n(x)|<\varepsilon.$$

因此, 对 $n\geqslant n_0$,

$$\|f-f_n\|_2^2=\int_0^1|f(x)-f_n(x)|^2\mathrm{d}x<\varepsilon^2,$$

故 $\|f-f_n\|_2<\varepsilon$. □

本章的关键结果是每个 $R(\mathbb{R}/\mathbb{Z})$ 中的函数 f 的 Fourier 级数依 L^2 范数收敛于 f. 现给出它的证明. 证明的思路是找一个简单函数类来逼近给定的函数, 而此简单函数类的上述要求可通过其 Fourier 系数的直接计算而得到. 为给出这些直接运算, 需要下面的引理.

引理 1.4.2 对 $0\leqslant x\leqslant 1$, 有

$$\sum_{k=1}^\infty\frac{\cos 2\pi kx}{k^2}=\pi^2\left(x^2-x+\frac{1}{6}\right).$$

注意到在 $x=0$ 的特殊情形下, 得到 Euler 公式

$$\sum_{k=1}^\infty\frac{1}{k^2}=\frac{\pi^2}{6}.$$

证明 设 $\alpha<a<b<\beta$ 为实数, $f:[\alpha,\beta]\to\mathbb{R}$ 是连续可微函数. 对 $k\in\mathbb{R}$, 令

$$F(k)=\int_a^b f(x)\sin(kx)\mathrm{d}x.$$

则

$$\lim_{|k|\to\infty} F(k)=0,\quad \text{且此收敛关于}\ \ a,b\in[\alpha,\beta]\ \text{是一致的.} \tag{$*$}$$

事实上, 对 $t\neq 0$, 由分部积分得到

$$F(k)=-f(x)\frac{\cos(kx)}{k}\bigg|_a^b+\frac{1}{k}\int_a^b f'(x)\cos(kx)\mathrm{d}x.$$

因 f 和 f' 均在 $[\alpha,\beta]$ 上连续, 故存在 $M>0$, 使对一切 $x\in[\alpha,\beta]$, 有 $|f(x)|\leqslant M$ 及 $|f'(x)|\leqslant M$. 而它蕴含了

$$|F(k)|\leqslant\frac{2M}{|k|}+\frac{M(b-a)}{|k|}.$$

从而结论 $(*)$ 成立. 现令 $x\in(0,1)$, 因

$$2\pi\int_{\frac{1}{2}}^x\cos(2\pi kt)\mathrm{d}t=\frac{\sin(2\pi kx)}{k}$$

及

$$\sum_{k=1}^n\cos(2\pi kx)=\frac{\sin((2n+1)\pi x)}{2\sin(\pi x)}-\frac{1}{2},$$

得到

$$\sum_{k=1}^n\frac{\sin(2\pi kx)}{k}=2\pi\int_{\frac{1}{2}}^x\frac{\sin((2n+1)\pi t)}{2\sin(\pi t)}\mathrm{d}t-\pi\left(x-\frac{1}{2}\right).$$

由结论 $(*)$ 知, 当 $n\to\infty$ 时, 上式右边第一项趋于零. 由此得到, 对 $0<x<1$,

$$\sum_{k=1}^\infty\frac{\sin(2\pi kx)}{k}=\pi\left(\frac{1}{2}-x\right),$$

且此级数对每一个 $0<\delta<\dfrac{1}{2}$, 在区间 $[\delta,1-\delta]$ 上一致收敛②. 现运用此结果证明引理 1.4.2. 令

$$f(x)=\sum_{k=1}^\infty\frac{\cos(2\pi kx)}{k^2}.$$

由上面已知其导数级数收敛于 $\pi^2(2x-1)$, 且此收敛是局部一致的. 因此, 对 $0<x<1$,

$$f'(x)=\pi^2(2x-1),$$

② 原书此处为 $\delta>0$, 改为限制 $0<\delta<\frac{1}{2}$ 更合适.—— 译者注

$f(x)=\pi^2(x^2-x)+c$. 剩下需要说明 $c=\dfrac{\pi^2}{6}$. 因为由级数所确定的函数 f 在 $[0,1]$ 上一致收敛且对每个 $k\in\mathbb{N}$, $\int_0^1\cos(2\pi kx)\mathrm{d}x=0$, 故③

$$0=\sum_{k=1}^{\infty}\int_0^1\frac{\cos(2\pi kx)}{k^2}\mathrm{d}x=\int_0^1 f(x)\mathrm{d}x=\frac{\pi^2}{3}-\frac{\pi^2}{2}+c.$$

由此得 $c=\dfrac{\pi^2}{2}-\dfrac{\pi^2}{3}=\dfrac{\pi^2}{6}$. □

现在, 运用此引理来证明如下定义的 Riemann 阶梯函数的 Fourier 级数的收敛性.

对 $[0,1]$ 的子集 A, 记 $\mathbf{1}_A$ 为其特征函数, 即

$$\mathbf{1}_A(x)=\begin{cases}1, & x\in A,\\ 0, & x\notin A.\end{cases}$$

设 $I_1,\cdots,I_m$ 是 $[0,1]$ 的子区间, 它们可以是开、闭或半开半闭的. 所谓 Riemann 阶梯函数是形如

$$s(x)=\sum_{j=1}^{m}\alpha_j\mathbf{1}_{I_j}(x)$$

的函数, 其中系数 $\alpha_j\in\mathbb{R}$.

回顾 Riemann 积分的定义. 首先, 对 Riemann 阶梯函数 $s(x)=\sum_{j=1}^{m}\alpha_j\mathbf{1}_{I_j}(x)$, 定义

$$\int_0^1 s(x)\mathrm{d}x=\sum_{j=1}^{m}\alpha_j|I_j|,$$

这里 I_j 记区间 I_j 的长度. 一个实值函数 $f:[\alpha,\beta]\to\mathbb{R}$ 称为 Riemann 可积的, 如对任意的 $\varepsilon>0$, 存在 $[0,1]$ 上的阶梯函数 φ 和 ψ, 使对每个 $x\in[0,1]$, $\varphi(x)\leqslant f(x)\leqslant\psi(x)$ 且

$$\int_0^1(\psi(x)-\varphi(x))\mathrm{d}x<\varepsilon.$$

随着 $\varepsilon\to 0$, 上述积分趋于一个公共极限, 这样就定义了 f 的积分. 作为上述定义的一个推论, 每个 $[0,1]$ 上的 Riemann 可积函数都是有界的. 一个复值函数称为是 Riemann 可积的, 如果其实部和虚部均为 Riemann 可积的.

引理 1.4.3　设 $f:\mathbb{R}\to\mathbb{R}$ 是周期的, 且 $f|_{[0,1]}$ 是 Riemann 阶梯函数. 则 f 的 Fourier 级数依 L^2 范数收敛于 f, 即级数

$$f_n=S_n(f)=\sum_{-n}^{n}c_ke_k$$

③ 原书下式中最后一项误为 $\dfrac{\pi^2}{3}-\dfrac{\pi^2}{2}-c$.—— 译者注

依 L^2 范数收敛于 f, 其中, 当 $k \in \mathbb{Z}$ 时,

$$c_k = \int_0^1 f(x)\mathrm{e}^{-2\pi\mathrm{i}kx}\mathrm{d}x.$$

证明 由引理 1.3.1, 只需证明 $\|f\|_2^2 = \sum_{k=-\infty}^{\infty} |c_k|^2$. 首先考虑特殊情形 $f|_{[0,1]} = \mathbf{1}_{[0,a]}$, 这里 $a \in [0,1]$. 那么其系数 $c_0 = a$, 且当 $k \neq 0$ 时,

$$c_k = \int_0^a \mathrm{e}^{-2\pi\mathrm{i}kx}\mathrm{d}x = \frac{\mathrm{i}}{2\pi k}\left(\mathrm{e}^{-2\pi\mathrm{i}ka} - 1\right) \quad (k \neq 0).$$

这样, 对于后者有

$$|c_k|^2 = \frac{1}{4\pi^2 k^2}(\mathrm{e}^{2\pi\mathrm{i}ka} - 1)(\mathrm{e}^{-2\pi\mathrm{i}ka} - 1) = \frac{1 - \cos(2\pi ka)}{2\pi^2 k^2}.$$

由引理 1.4.2 有

$$\begin{aligned}
\sum_{-\infty}^{\infty} |c_k|^2 &= a^2 + \sum_{k=1}^{\infty} \frac{1 - \cos(2\pi ka)}{\pi^2 k^2} \\
&= a^2 + \sum_{k=1}^{\infty} \frac{1}{\pi^2 k^2} - \frac{1}{\pi^2} \sum_{k=1}^{\infty} \frac{\cos(2\pi ka)}{k^2} \\
&= a^2 + \frac{1}{6} - \left(\frac{(1-2a)^2}{4} - \frac{1}{12}\right) \\
&= a \\
&= \int_0^1 |f(x)|^2 \mathrm{d}x \\
&= \|f\|_2^2.
\end{aligned}$$

因此证明了引理的结论对于函数 $f = \mathbf{1}_{[0,a]}$ 成立. 下面说明当 I 为 $[0,1]$ 中任一子区间时, 结论对于 $f = \mathbf{1}_I$ 仍然成立. 首先注意到, 如用开区间或半开半闭区间代替闭区间, Fourier 系数和范数均不改变. 其次, 记 f 关于 y 的平移为 $f^y(x) = f(x+y)$, 那么 f^y 仍是周期和 Riemann 可积的. 这样, 它们的 Fourier 系数有如下关系:

$$\begin{aligned}
c_k(f^y) &= \int_0^1 f^y(x)\mathrm{e}^{-2\pi\mathrm{i}kx}\mathrm{d}x \\
&= \int_0^1 f(x+y)\mathrm{e}^{-2\pi\mathrm{i}kx}\mathrm{d}x \\
&= \int_y^{1+y} f(x)\mathrm{e}^{2\pi\mathrm{i}k(y-x)}\mathrm{d}x \\
&= \mathrm{e}^{2\pi\mathrm{i}ky} \int_0^1 f(x)\mathrm{e}^{-2\pi\mathrm{i}kx}\mathrm{d}x \\
&= \mathrm{e}^{2\pi\mathrm{i}ky} c_k(f),
\end{aligned}$$

这是由于周期函数在 $[0,1]$ 上和 $[y,1+y]$ 上的积分并没有变化. 因此 $|c_k(f^y)|^2 = |c_k(f)|^2$, 故亦有 $\|f^y\|_2 = \|f\|_2$. 这样对 $[0,1]$ 的任一子区间 I, 引理对于 $f = \mathbf{1}_I$ 成立. 由于任意阶梯函数是区间特征函数的有限线性组合, 由线性便可得到引理. □

定理 1.4.4 设 $f:\mathbb{R}\to\mathbb{C}$ 是 $[0,1]$ 上周期和 Riemann 可积函数. 那么 f 的 Fourier 级数依 L^2 范数收敛于 f. 如 c_k 记 f 的 Fourier 系数, 那么

$$\sum_{k=-\infty}^{\infty} |c_k|^2 = \int_0^1 |f(x)|^2 \mathrm{d}x.$$

特别地, 定理蕴含了当 $|k|\to\infty$ 时, 序列 c_k 趋于 0. 此断言也称为 Riemann-Lebesgue 引理.

证明 记 $f = u + \mathrm{i}v$ 为 f 的实部和虚部的分解. f 的 Fourier 级数的部分和满足 $S_n(f) = S_n(u) + \mathrm{i}S_n(v)$. 因此, 如 u 和 v 的 Fourier 级数均依 L^2 范数分别收敛于 u 和 v, 则 f 的 Fourier 级数也依 L^2 范数收敛于 f. 这样, 为证明定理, 只需考虑 f 为实值函数的情形. 进一步, 由于可积函数是有界的, 通过 f 乘上正数, 故可假设对所有 $x\in\mathbb{R}$, $|f(x)|\leqslant 1$.

令 $\varepsilon > 0$. 因 f 为 Riemann 可积, 存在 $[0,1]$ 上的阶梯函数 φ, ψ 使

$$-1 \leqslant \varphi \leqslant f \leqslant \psi \leqslant 1$$

及

$$\int_0^1 (\psi(x) - \varphi(x))\mathrm{d}x \leqslant \frac{\varepsilon^2}{8}.$$

记 $g = f - \varphi$, 则 $g \geqslant 0$ 且

$$|g|^2 \leqslant |\psi - \varphi|^2 \leqslant 2(\psi - \varphi),$$

故

$$\int_0^1 |g(x)|^2 \mathrm{d}x \leqslant 2\int_0^1 (\psi(x) - \varphi(x))\mathrm{d}x \leqslant \frac{\varepsilon^2}{4}.$$

对于部分和 S_n, 有

$$S_n(f) = S_n(\varphi) + S_n(g).$$

由引理 1.4.3, 存在 $n_0 \geqslant 0$, 使得当 $n \geqslant n_0$ 时,

$$\|\varphi - S_n(\varphi)\|_2 \leqslant \frac{\varepsilon}{2}.$$

由引理 1.3.1 得如下估计

$$\|g - S_n(g)\|_2^2 \leqslant \|g\|_2^2 \leqslant \frac{\varepsilon^2}{4},$$

因此, 对 $n \geqslant n_0$,

$$\|f - S_n(f)\|_2 \leqslant \|\varphi - S_n(\varphi)\|_2 + \|g - S_n(\varphi)\|_2 \leqslant \frac{\varepsilon}{2} + \frac{\varepsilon}{2} = \varepsilon. \qquad \square$$

1.5 Fourier 级数的一致收敛

注意, 定理 1.4.4 并没有告诉我们关于 Fourier 级数点态收敛的任何信息. 实际上, Fourier 级数不必是点态收敛于 f 的. 然而, 如函数 f 是连续可微的, 那么它是点态收敛的, 这正是本章要说明的第二个主要结果.

定理 1.5.1 设 $f:\mathbb{R}\to\mathbb{C}$ 是连续、周期及分段连续可微的. 那么 f 的 Fourier 级数一致收敛于 f.

证明 设 f 如定理所述且 c_k 为 f 的 Fourier 系数. 令 $\varphi_j:[t_{j-1},t_j]\to\mathbb{C}$ 是 f 的连续导数. 记 $\varphi:\mathbb{R}\to\mathbb{C}$ 是周期函数且对每个 j 在半开区间 $[t_{j-1},t_j)$ 上与 φ_j 相同. 令 γ_k 是 φ 的 Fourier 系数. 则

$$\sum_{k=-\infty}^{\infty} |\gamma_k|^2 \leqslant \|\varphi\|_2^2 < \infty.$$

由分部积分得

$$\int_{t_{j-1}}^{t_j} f(x)\mathrm{e}^{-2\pi \mathrm{i}kx}\mathrm{d}x = \frac{1}{-2\pi \mathrm{i}k} f(x)\mathrm{e}^{-2\pi \mathrm{i}kx}\Big|_{t_{j-1}}^{t_j} - \frac{1}{-2\pi \mathrm{i}k}\int_{t_{j-1}}^{t_j} \varphi(x)\mathrm{e}^{-2\pi \mathrm{i}kx}\mathrm{d}x.$$

当 $k\neq 0$ 时, 有

$$c_k = \int_0^1 f(x)\mathrm{e}^{-2\pi \mathrm{i}kx}\mathrm{d}x = \frac{1}{2\pi \mathrm{i}k}\int_0^1 \varphi(x)\mathrm{e}^{-2\pi \mathrm{i}kx}\mathrm{d}x = \frac{1}{2\pi \mathrm{i}k}\gamma_k.$$

对 $\alpha,\beta\in\mathbb{C}$, 总有 $0\leqslant(|\alpha|-|\beta|)^2 = |\alpha|^2+|\beta|^2-2|\alpha\beta|$. 因此 $|\alpha\beta|\leqslant\frac{1}{2}(|\alpha|+|\beta|)^2$. 故

$$|c_k| \leqslant \frac{1}{2}\left(\frac{1}{4\pi^2k^2} + |\gamma_k|^2\right).$$

由此得出

$$\sum_{-\infty}^{\infty} |c_k| < \infty.$$

定理证明的最后一步本身也是重要的, 因此我们将其阐述为下面的引理.

引理 1.5.2 设 f 是连续和周期的. 如 f 的 Fourier 系数 c_k 满足

$$\sum_{k=-\infty}^{\infty} |c_k| < \infty,$$

那么 f 的 Fourier 级数一致收敛于 f. 特别地, 对每一个 $x \in \mathbb{R}$,

$$f(x) = \sum_{k\in\mathbb{Z}} c_k e_k(x).$$

证明　引理的条件蕴含了 Fourier 级数 $\sum_{k=-\infty}^{\infty} c_k \mathrm{e}^{2\pi \mathrm{i} kx}$ 一致收敛. 记极限函数为 g. 那么函数 g 作为连续函数的一致极限也必然是连续的. 因为 Fourier 级数也依 L^2 范数收敛于 f, 由此得出

$$\|f - g\|_2 = 0.$$

由于 f, g 均是连续的, 范数的正定性蕴含了 $f = g$. 由此就完成了引理和定理的证明. □

1.6　回到周期函数

我们已经导出 $\mathbb{R}$ 上的连续周期函数空间 $C(\mathbb{R}/\mathbb{Z})$. 关于它也有如下另一个不同解释. 首先, 在 $\mathbb{R}$ 上建立如下等价关系:

$$x \sim y \Longleftrightarrow x - y \in \mathbb{Z}.$$

对于 $x \in \mathbb{R}$, 其等价类是 $[x] = x + \mathbb{Z} = \{x + k | x \in \mathbb{Z}\}$. 令 $\mathbb{R}/\mathbb{Z}$ 是所有等价类的集合. 此集合能等同于半开区间 $[0, 1)$. 它也能等同于单位圆周

$$\mathbb{T} = \{z \in \mathbb{C} : |z| = 1\},$$

因为映射 $e : \mathbb{R} \to \mathbb{T}$ 映 x 到 $e(x) = \mathrm{e}^{2\pi \mathrm{i} x}$, 给出了 $\mathbb{R}/\mathbb{Z}$ 和 $\mathbb{T}$ 之间的一个双射.

如存在类 $[x_n]$ 和 $[x]$ 的代表 $x'_n \in \mathbb{R}$ 及 $x' \in \mathbb{R}$, 使得序列 (x'_n) 在 $\mathbb{R}$ 中收敛于 x', 则称序列 $[x_n]$ 收敛到 $[x] \in \mathbb{R}/\mathbb{Z}$. 在区间 $[0, 1)$ 中, 这意味着要么 x_n 在 $[0, 1)$ 中收敛于 x, 要么 $[x] = 0$, 并且 x_n 分解为两个子序列, 一个收敛于 0, 而另一个收敛于 1.

想象 $\mathbb{R}/\mathbb{Z}$ 的最好方法是通过视整数为同一的, 或通过运用映射 $\mathrm{e}^{2\pi \mathrm{i} x}$, 或通过粘合区间 $[0, 1]$ 的端点等实直线“卷起”.

给定收敛的概念之后, 可容易地说明函数的连续性. 称函数 $f : \mathbb{R}/\mathbb{Z} \to \mathbb{C}$ 是连续的, 如对 $\mathbb{R}/\mathbb{Z}$ 中每个收敛序列 $[x_n]$, 序列 $f([x_n])$ 在 $\mathbb{C}$ 中收敛.

每一个 $\mathbb{R}/\mathbb{Z}$ 上的连续函数都结合自然投影 $P : \mathbb{R} \to \mathbb{R}/\mathbb{Z}$ 而给出 $\mathbb{R}$ 上的连续周期函数. 用这种方法, 可以视 $C(\mathbb{R}/\mathbb{Z})$ 与 $\mathbb{R}/\mathbb{Z}$ 上的所有连续函数相一致. 此后将以这种方法来理解 $C(\mathbb{R}/\mathbb{Z})$.

1.7 习　题

习题 1.1 设 $f:\mathbb{R}\to\mathbb{C}$ 是连续、周期和偶的, 即对任意 $x\in\mathbb{R}$, $f(-x)=f(x)$. 证明: f 的 Fourier 级数的部分和④具有如下形式:

$$F_N(f)=c_0+\sum_{k=1}^{N}2c_k\cos(2\pi kx).$$

习题 1.2 举例说明半双线性型 $\langle\cdot,\cdot\rangle$ 在空间 $R(\mathbb{R}/\mathbb{Z})$ 中不是正定的.

习题 1.3 设 $f\in C(\mathbb{R}/\mathbb{Z})$. 对 $y>0$, 令

$$w(y)=\int_0^1|f(t+y)-f(t)|\mathrm{d}t.$$

证明: 对于 $k\neq 0$, f 的 Fourier 系数 c_k 满足

$$|c_k|\leqslant\frac{1}{2}w\left(\frac{1}{2k}\right).$$

提示: 运用 $c_k=-\int_0^1 f(t)\mathrm{e}^{-2\pi\mathrm{i}k(t-\frac{1}{2k})}\mathrm{d}t$.

习题 1.4 举例说明 $[0,1]$ 上依 L^2 范数收敛的可积函数列 f_n 不必点态收敛. 提示: 选取 $[0,1]$ 的子区间列 $\{I_n\}$, 使得任意 $x\in[0,1]$ 均被 $\{I_n\}$ 中无穷多个区间所包含, 且 $\lim\limits_{n\to\infty}|I_n|=0$. 令 f_n 为区间 I_n 的特征函数.

习题 1.5 对 $n\in\mathbb{N}$, f_n 是闭区间 $[0,1]$ 上的连续函数, 满足 $f_n(0)=1$, $f_n\left(\frac{1}{n}\right)=0$, $f_n(1)=0$ 且在上述点之间是线性连接. 证明: 在开区间 $(0,1)$ 上, f_n 点态收敛于零函数, 但不是一致收敛的.

习题 1.6 举例说明存在 $[0,1]$ 上的可积函数列点态收敛, 但不是依 L^2 范数收敛. 提示: 修改习题 1.5 中的例子.

习题 1.7 计算周期函数 f 的 Fourier 级数. 这里, 对 $-\frac{1}{2}\leqslant x\leqslant\frac{1}{2}$, $f(x)=|x|$.

习题 1.8 计算周期函数 f 的 Fourier 级数. 这里, 在 $[0,1)$ 上, $f(x)=x$.

习题 1.9 计算 $f(x)=|\sin(2\pi x)|$ 的 Fourier 级数.

习题 1.10 对 $N\in\mathbb{N}$ 和 $c_k\in\mathbb{C}$, 三角多项式是指如下形式的函数

$$g(x)=\sum_{k=-N}^{N}c_k\mathrm{e}^{2\pi\mathrm{i}kx}.$$

---

④ 原书此处遗漏了 "部分和".—— 译者注

(a) 证明：任意的 $f \in C(\mathbb{R}/\mathbb{Z})$ 都能被分段线性的连续函数一致逼近.

(b) 由 (a) 推出：任意的 $f \in C(\mathbb{R}/\mathbb{Z})$ 都能被三角多项式一致逼近.

习题 1.11　设 $f \in C^\infty(\mathbb{R}/\mathbb{Z})$, c_k 是 f 的 Fourier 系数. 证明：序列 c_k 是速降的, 即对任意 $N \in \mathbb{N}$, 存在 $d_N > 0$ 使当 $k \neq 0$ 时,

$$|c_k| \leqslant \frac{d_N}{|k|^N}.$$

提示：计算 f 的导函数的 Fourier 系数.

习题 1.12　设 c_k $(k \in \mathbb{Z})$ 是速降序列 (见习题 1.11). 证明：存在函数 $f \in C^\infty(\mathbb{R}/\mathbb{Z})$ 使得 c_k 是 f 的 Fourier 系数.

习题 1.13　设 $f, g \in R(\mathbb{R}/\mathbb{Z})$. 定义它们的卷积为

$$f * g(x) = \int_0^1 f(x-y)g(y)\mathrm{d}y.$$

证明：对任意的 $f \in R(\mathbb{R}/\mathbb{Z})$ 及 $k \in \mathbb{Z}$, 有 $e_k * f = c_k(f)e_k$. 由此推出, 如果

$$D_n = \sum_{k=-n}^{n} e_k,$$

那么 $D_n * f = S_n(f)$.

习题 1.14　设 $f \in R(\mathbb{R}/\mathbb{Z})$ 及

$$\sigma_n f = \frac{1}{n+1}(S_0(f) + \cdots + S_n(f)).$$

对 $s \in \mathbb{R}$, 令

$$f_s^*(x,y) = \frac{1}{2}(f(x+y) + f(x-y) - 2s).$$

证明：

$$\sigma_n f(x) = \int_0^1 f_s^*(x,y)F_n(y)\mathrm{d}y + s,$$

其中

$$F_n = \frac{1}{n+1}(D_0 + \cdots + D_n).$$

习题 1.15　设 $f \in R(\mathbb{R}/\mathbb{Z})$ 且对任意 $x \in \mathbb{R}$, 极限

$$f(x+0) + f(x-0) = \lim_{y \to 0}(f(x+y) + f(x-y))$$

存在. 证明：对任意的 $x \in \mathbb{R}$,

$$\lim_{n \to \infty} \sigma_n f(x) = \frac{1}{2}(f(x+0) + f(x-0)).$$

提示：对 $s=\frac{1}{2}(f(x+0)+f(x-0))$，应用习题 1.14 说明

$$F_n(x)=\frac{1}{n+1}\left(\frac{\sin((n+1)\pi x)}{\sin\pi x}\right)^2$$

及 $\int_0^1 F_n(x)\mathrm{d}x=1$，然后说明 F_n 在 0 点外是非常小的.

习题 1.16 设 $f:\mathbb{R}^n\to\mathbb{C}$ 是无穷阶可微的，并对 $k=(k_1,\cdots,k_n)\in\mathbb{Z}^n$ 有 $f(x+k)=f(x)$. 证明：

$$f(x)=\sum_{k\in\mathbb{Z}^n}c_k\mathrm{e}^{2\pi\mathrm{i}\langle x,k\rangle},$$

其中 $\langle x,k\rangle=x_1k_1+\cdots+x_nk_n$，并且

$$c_k=\int_0^1\cdots\int_0^1 f(y)\mathrm{e}^{-2\pi\mathrm{i}\langle y,k\rangle}\mathrm{d}y_1\cdots\mathrm{d}y_n.$$

习题 1.17 设 $k:\mathbb{R}^2\to\mathbb{C}$ 是光滑的 (即无穷阶可微)，并在 $\mathbb{Z}^2$ 的自然作用下不变，即对所有[⑤] $j,l\in\mathbb{Z}$ 及 $x,y\in\mathbb{R}$，$k(x+j,y+l)=k(x,y)$. 对 $\varphi\in C(\mathbb{R}/\mathbb{Z})$，令

$$K\varphi(x)=\int_0^1 k(x,y)\varphi(y)\mathrm{d}y.$$

证明：K 满足

$$\|K\varphi\|_2^2\leqslant\|\varphi\|_2^2\int_0^1\int_0^1|k(x,y)|^2\mathrm{d}x\mathrm{d}y.$$

此外，和式

$$\mathrm{tr}K=\sum_{k\in\mathbb{Z}}\langle Ke_k,e_k\rangle$$

绝对收敛且

$$\mathrm{tr}K=\int_0^1 k(x,x)\mathrm{d}x.$$

---

⑤ 原书此处为 “$k,l\in\mathbb{Z}$”，为避免与函数 k 相混淆，改写为 “$j,l\in\mathbb{Z}$”.—— 译者注

第 2 章 Hilbert 空间

本章将在 Hilbert 空间理论上重新解释前面的结果, 因该理论对于本章及随后给出的 Fourier 理论中结果的一般化是一个恰当的框架.

2.1 准 Hilbert 和 Hilbert 空间

一个复向量空间 V 连同一个内积 $\langle\cdot,\cdot\rangle$ 称为准 Hilbert 空间. 其他作者有时称之为内积空间, 但由于我们强调的是在 Hilbert 空间上, 故将使用现在给出的这个术语.

例 除去零空间外, 最简单的例子是 $V=\mathbb{C}$, 具有内积 $\langle\alpha,\beta\rangle=\alpha\overline{\beta}$.

一个更一般的例子是 $V=\mathbb{C}^k(k\in\mathbb{N})$, 内积为

$$\langle v,w\rangle=v^t\bar{w},$$

这里 $\mathbb{C}^k$ 中的元素是列向量, v^t 是 v 的转置, 而 $\bar{w}$ 是由 w 中分量的复共轭组成的向量. 使用坐标表示则意味着

$$\langle v,w\rangle=\left\langle\begin{pmatrix}v_1\\ \vdots\\ v_k\end{pmatrix},\begin{pmatrix}w_1\\ \vdots\\ w_k\end{pmatrix}\right\rangle=v_1\overline{w_1}+v_2\overline{w_2}+\cdots+v_k\overline{w_k}.$$

一个线性代数的结果表明, 每一个有限维的准 Hilbert 空间 V 同构于 $\mathbb{C}^k$, 这里 $k=\dim V$.

给定一个准 Hilbert 空间 V, 对于 $v\in V$, 定义

$$\|v\|=\sqrt{\langle v,v\rangle}.$$

引理 2.1.1 (Cauchy-Schwarz 不等式) 设 V 为任一准 Hilbert 空间, 那么对任意 $v,w\in V$,

$$|\langle v,w\rangle|\leqslant\|v\|\,\|w\|.$$

这蕴含了 $\|\cdot\|$ 是一个范数, 即

- 它是正齐性的：$\|\lambda v\|=|\lambda|\|v\|$, $\lambda\in\mathbb{C}$;
- 它是正定的：$\|v\|\geqslant 0$, 且 $\|v\|=0\Rightarrow v=0$;

- 它满足三角不等式：$\|v+w\| \leqslant \|v\|+\|w\|$.

证明 设 $v, w \in V$. 对 $t \in \mathbb{R}$, 定义 $\varphi(t)$ 为

$$\varphi(t)=\|v\|^2+t^2\|w\|^2+t(\langle v, w\rangle+\langle w, v\rangle).$$

则

$$\varphi(t)=\langle v+tw, v+tw\rangle=\|v+tw\|^2 \geqslant 0.$$

注意到 $\langle v, w\rangle+\langle w, v\rangle=2\mathrm{Re}\langle v, w\rangle$. 实值函数 $\varphi(t)$ 是具有正首项系数的二次多项式. 因此, 它在使其导函数 φ' 为零的点, 即 $t_0=-\mathrm{Re}\langle v, w\rangle/\|w\|^2$ 处取最小值. 经计算, 有

$$0 \leqslant \varphi(t_0)=\|v\|^2+\frac{(\mathrm{Re}\langle v, w\rangle)^2}{\|w\|^2}-2\frac{(\mathrm{Re}\langle v, w\rangle)^2}{\|w\|^2}.$$

由此得出 $(\mathrm{Re}\langle v, w\rangle)^2 \leqslant \|v\|^2\|u\|^2$. 对适当的实数 θ, 用 $\mathrm{e}^{\mathrm{i}\theta}v$ 代替 v 便可得所需要的结论.

现说明此结果可推出三角不等式. 注意到, 对每个复数 z, 有 $\mathrm{Re}(z) \leqslant |z|$, 因此

$$\begin{aligned}
\|v+w\|^2 &= \langle v+w, v+w\rangle \\
&= \|v\|^2+\|w\|^2+2\mathrm{Re}(\langle v, w\rangle) \\
&\leqslant \|v\|^2+\|w\|^2+2|\langle v, w\rangle| \\
&\leqslant \|v\|^2+\|w\|^2+2\|v\|\,\|w\| \\
&= (\|v\|+\|w\|)^2.
\end{aligned}$$

两边取平方根便得到三角不等式, 而范数的其他两个条件显然满足. □

引理 2.1.2 对任意 $v, w \in V$,

$$\big|\,\|v\|-\|w\|\,\big| \leqslant \|v-w\|.$$

证明 由三角不等式得

$$\|v\|=\|v-w+w\| \leqslant \|v-w\|+\|w\|,$$

即

$$\|v\|-\|w\| \leqslant \|v-w\|.$$

交换 v 和 w 有

$$\|w\|-\|v\| \leqslant \|w-v\|=\|v-w\|.$$

这样就给出了引理的证明. □

两个准 Hilbert 空间之间的线性映射 $T: V \to W$ 称为等距映射, 如 T 保持内积, 即对所有 $v, v' \in V$,

$$\langle T(v), T(v') \rangle = \langle v, v' \rangle,$$

上面左边是 W 中的内积, 而右边是 V 中的内积. 由此推出 T 必然是单射. 因为如 $T(v) = 0$, 则

$$\langle v, v \rangle = \langle T(v), T(v) \rangle = \langle 0, 0 \rangle = 0.$$

故 $v = 0$. 此外, 如 T 是满射, 则 T 有线性逆 $T^{-1}: W \to V$, 且它也是一个等距. 在此情况下, 称 T 是一个酉映射或准 Hilbert 空间的同构.

设 $(V, \langle \cdot, \cdot \rangle)$ 是一个准 Hilbert 空间. 使一个准 Hilbert 空间成为 Hilbert 空间的性质是完备性 (区分实数集合与有理数集的一个性质就是完备性). 如同有理数过渡到实数一样, 在这里将以 Cauchy 列的收敛性来导出完备性的概念.

称 V 中序列 $(v_n)_n$ 收敛到 $v \in V$, 如果实数列 $\|v_n - v\|$ 趋于零; 换句话说, 如对任意 $\varepsilon > 0$, 存在自然数 n_1, 使当 $n \geqslant n_1$ 时,

$$\|v - v_n\| < \varepsilon$$

成立. 此时向量 v 由序列 (v_n) 唯一确定并记为

$$v = \lim_{n \to \infty} v_n.$$

称准 Hilbert 空间 H 的子集 D 是稠密子集, 如每一个 $h \in H$ 都是 D 中一个点列的极限, 即对任意的 $h \in H$, 存在 D 中点列 d_j 使 $\lim_{j \to \infty} d_j = h$. 例如, 所有形如 $a + \mathrm{i}b\,(a, b \in \mathbb{Q})$ 的数集 $\mathbb{Q} + \mathrm{i}\mathbb{Q}$ 在 $\mathbb{C}$ 中稠密.

V 中 Cauchy 列是指 V 中序列 v_n 满足: 对任意的 $\varepsilon > 0$, 存在自然数 n_0, 使对所有自然数 $n, m \geqslant n_0$, 有

$$\|v_n - v_m\| < \varepsilon.$$

易知, 如 (v_n), (w_n) 均为 Cauchy 列, 则它们的和 $(v_n + w_n)$ 也是 Cauchy 列. 此外, 如 (v_n) 收敛于 v 且 (w_n) 收敛于 w, 那么 $(v_n + w_n)$ 收敛于 $v + w$ (见习题 2.5).

引理 2.1.3 每一个收敛序列都是 Cauchy 列.

证明 设 (v_n) 是 V 中收敛于 $v \in V$ 的序列. 令 $\varepsilon > 0$ 且 $n_1 \in \mathbb{N}$, 使当 $n \geqslant n_1$ 时, 有

$$\|v - v_n\| < \frac{\varepsilon}{2}.$$

令 $n, m \geqslant n_1$, 则

$$\begin{aligned}\|v_n - v_m\| &= \|v_n - v + v - v_m\| \\ &\leqslant \|v_n - v\| + \|v_m - v\| < \frac{\varepsilon}{2} + \frac{\varepsilon}{2} = \varepsilon.\end{aligned}$$

□

如上述引理的逆成立, 即 V 中任一 Cauchy 列都收敛, 则说空间 V 是完备空间或 Hilbert 空间.

实际上, Cauchy 列和完备性的概念仅依赖于范数而与内积没有直接关系. 赋范空间指的是复向量空间 V 具有范数 $\|\cdot\|: V \to [0,\infty)$, 即映射 $\|\cdot\|$ 满足引理 2.1.1 中的三条公理. 一个赋范空间 $(V,\|\cdot\|)$ 称之为 Banach 空间, 如果它是完备的, 即 V 中任一 Cauchy 列都收敛.

命题 2.1.4 有限维的准 Hilbert 空间是完备的, 即 Hilbert 空间.

证明 对维数用归纳法证明此结论. 零维的 Hilbert 空间没什么可说明的. 设 V 是 $k+1$ 维的准 Hilbert 空间, 且命题对有所 k 维空间均成立. 设 $v \in V$ 为范数为 1 的非零向量. 令 $W = \mathbb{C}v$ 且 U 为 v 的正交空间, 即 $U = \{u \in V : \langle u, v\rangle = 0\}$. 那么 V 是 W 和 U 的正交直和 (见习题 2.10) 且 U 的维数是 k, 由归纳假设, U 是完备的.

令 (v_n) 是 V 中的 Cauchy 列, 则对每个自然数 n,

$$v_n = \lambda_n v + u_n,$$

其中 λ_n 为复数且 $u_n \in U$. 对于 $m, n \in \mathbb{N}$, 有

$$\|v_n - v_m\|^2 = |\lambda_n - \lambda_m|^2 + \|u_n - u_m\|^2.$$

由此得 $|\lambda_n - \lambda_m| \leqslant \|v_n - v_m\|$, 且由 (v_n) 为 Cauchy 列推出 (λ_n) 为 $\mathbb{C}$ 中的 Cauchy 列, 从而收敛. 类似可知 (u_n) 是 U 中的 Cauchy 列, 因此也是收敛的. 这样, (v_n) 是 V 中两个收敛序列之和, 因而也是收敛的. □

2.2 ℓ^2 空间

下面介绍一类重要的 Hilbert 空间, 被称为 ℓ^2 空间. 设 S 是任一集合. 令 $\ell^2(S)$ 是函数 $f: S \to \mathbb{C}$ 的集合, 满足

$$\|f\|^2 = \sum_{s\in S} |f(s)|^2 < \infty.$$

上面和式有限这一事实实际上表明除去可数个值之外 $f(s)$ 全为零, 并且在这可数个点上, 和式绝对收敛. 理解上面和式的另一方式为 (见习题 2.6)

$$\|f\|^2 = \sup_{\substack{F\subset S \\ F\text{有限}}} \sum_{s\in F} |f(s)|^2.$$

注意到, 如 S 为有限集, 那么收敛性条件是平凡的, 此时 $\ell^2(S)$ 由所有从 S 到 $\mathbb{C}$ 的映射的有限维复向量空间组成. 由命题 2.1.4, $\ell^2(S)$ 是 Hilbert 空间.

定理 2.2.1 设 S 为任一集合. 则 $\ell^2(S)$ 形成一个 Hilbert 空间, 其内积为

$$\langle f,g\rangle=\sum_{s\in S}f(s)\overline{g(s)},\qquad f,g\in\ell^2(S).$$

证明 设 S 为任一集合, 首先应说明内积实际上收敛, 即说明对任意 $f,g\in\ell^2(S)$,

$$\sum_{s\in S}|f(s)\overline{g(s)}|<\infty.$$

一旦上式成立, 运用 Cauchy-Schwarz 不等式的证明方法便可推出三角不等式 $\|f+g\|\leqslant\|f\|+\|g\|$. 而此表明, $f,g\in\ell^2(S)$ 蕴含了 $f+g\in\ell^2(S)$, 因此 $\ell^2(S)$ 是复向量空间. 这样立即得知 $\ell^2(S)$ 为准 Hilbert 空间.

首先证明数量积的收敛性. 因为 $|f(s)\overline{g(s)}|=|f(s)||g(s)|$, 故只需对实值非负函数 f 和 g 证明上述结论. 设 F 是 S 的一个有限子集, 那么对 $\ell^2(F)$ 不存在收敛问题. 因此 $\ell^2(F)$ 是 Hilbert 空间且 Cauchy-Schwarz 不等式对 $\ell^2(F)$ 中元素成立. 设 $f,g\in\ell^2(F)$ 为实值非负函数, 记 f_F 和 g_F 是它们在 F 上的限制, 且均在 $\ell^2(F)$ 中. 有 $\|f_F\|\leqslant\|f\|$. 同样的事实对 g 也成立. 则

$$\sum_{s\in F}f(s)g(s)=|\langle f_F,g_F\rangle|\leqslant\|f_F\|\,\|g_F\|\leqslant\|f\|\,\|g\|.$$

由此得到

$$\sum_{s\in F}f(s)g(s)=\sup_{\substack{F\subset S\\ F\text{有限}}}\sum_{s\in F}f(s)g(s)\leqslant\|f\|\,\|g\|<\infty.$$

这样建立了内积的收敛性, 并由前所述知 $\ell^2(S)$ 是一个准 Hilbert 空间.

现剩下说明 $\ell^2(S)$ 是完备的. 为此令 (f_n) 是 $\ell^2(S)$ 中的 Cauchy 列. 那么对任意 $s_0\in S$,

$$|f_n(s_0)-f_m(s_0)|^2\leqslant\sum_{s\in S}|f_n(s)-f_m(s)|^2=\|f_n-f_m\|^2.$$

此表明 $f_n(s_0)$ 是 $\mathbb{C}$ 中的 Cauchy 列, 因此它收敛于某个复数 $f(s_0)$. 这意味着函数列 (f_n) 点态收敛于 S 上的函数 f.

对任意 $\varepsilon>0$, 取 $N\in\mathbb{N}$ 使当 $m,n\geqslant N$ 时, $\|f_n-f_m\|^2<\varepsilon$. 当 $n\geqslant N$ 及有限集 $F\subset S$,

$$\begin{aligned}\sum_{s\in S}|f_n(s)-f(s)|^2&=\lim_{j\to\infty}\sum_{s\in F}|f_n(s)-f_i(s)|^2\\&\leqslant\sup_{j\geqslant N}\|f_n-f_j\|^2\leqslant\varepsilon.\end{aligned}$$

因此, 对 $n \geqslant \mathbb{N}$,

$$\|f_n - f\|^2 = \sup_{F \subset S, 有限} \sum_{s \in F} |f_n(s) - f(s)|^2 \leqslant \varepsilon.$$

此表明 $f \in \ell^2(S)$ 且在 $\ell^2(S)$ 中 $f_n \to f$. 故此空间是完备的. □

实际上, 可以证明每一个 Hilbert 空间都同构于一个 $\ell^2(S)$ 空间, 这里 S 为某个集合. 此外, 两个空间 $\ell^2(S)$ 和 $\ell^2(S')$ 是同构的当且仅当 S 和 S' 具有相同的基数. 然而, 我们将不对此进行深入讨论, 因为我们仅对可分的 Hilbert 空间有兴趣, 其概念将在下一节介绍.

2.3 正交基和完备化

准 Hilbert 空间 H 中的一个完全系是 H 中的向量族 $(a_j)_{j\in J}$, 使得由 a_j 张成的线性子空间 $\text{span}(a_j)$ 在 H 中稠密. 一个准 Hilbert 空间称为可分的, 如它包含了一个可数的完全系 (这里可数意指有限或无限可数).

例

- 对于有限维的 Hilbert 空间, 任一包含基的向量族是完全系.
- 考虑 $\ell^2(\mathbb{N})$ 作为无限维可分 Hilbert 空间的一个例子. 对 $j \in \mathbb{N}$, 令 $\psi_j \in \ell^2(\mathbb{N})$ 如下:

$$\psi_j(k) = \begin{cases} 1, & 若\ k = j, \\ 0, & 其他. \end{cases}$$

则对任意 $\ell^2(\mathbb{N})$, 有

$$\langle f, \psi_j \rangle = f(j).$$

此蕴含了 $(\psi_j)_{j\in J}$ 实际是一个完全系.

准 Hilbert 空间中的正交系是 H 中的向量族 $(h_j)_{j\in J}$, 使对每个 $j, j' \in J$, $\langle h_j, h_{j'} \rangle = \delta_{j,j'}$, 这里 $\delta_{j,j'}$ 是 Kronecker 函数:

$$\delta_{j,j'} = \begin{cases} 1, & j = j', \\ 0, & 其他. \end{cases}$$

称一个正交系为正交基, 如它同时也是完全系.

例 上面例子中向量族 (ψ_j) 是 Hilbert 空间 $\ell^2(\mathbb{N})$ 的一个正交基.

命题 2.3.1 每个可分的准 Hilbert 空间 H 包含一个正交基.

对于不可分空间, 此结论也成立, 但其证明需要集合论方法, 将不在此给出.

证明 此处使用的方法称为 Gram-Schmidt 正交化. 对有限维空间, 这是线性代数课程中的一个内容.

令 $(a_j)_{j\in\mathbb{N}}$ 是一个完全系. 如果某个 a_j 能表示为 $a'_j(j'<j)$ 的有限线性组合, 那么去掉 a_j 后, $(a_j)_{j\in\mathbb{N}}$ 仍为完全系. 这样, 可假定 a_j 的任一有限集合都是线性无关的. 下面运用归纳法, 通过 $(a_j)_{j\in\mathbb{N}}$ 构造一个正交基. 首先, 令

$$e_1=\frac{a_1}{\|a_1\|}.$$

设 $e_1,\cdots,e_k$ 已经构造出, 它们是正交的, 且 $\operatorname{span}(e_1,\cdots,e_k)=\operatorname{span}(a_1,\cdots,a_k)$. 那么, 令

$$e'_{k+1}=a_{k+1}-\sum_{j=1}^{k}\langle a_{k+1},e_j\rangle e_j.$$

这样, 对 $j=1,\cdots,k$, $\langle e'_{k+1},e_j\rangle=0$. 由线性无关性进一步可知 $e'_{k+1}\neq 0$. 令

$$e_{k+1}=\frac{e'_{k+1}}{\|e'_{k+1}\|}.$$

那么 $e_1,\cdots,e_{k+1}$ 是正交的.

如 H 是有限维, 此过程通过有限步即可中止, 并可得到基 (e_j). 如 H 是无限维的, 此过程将不会中止并由此得到序列 $(e_j)_{j\in\mathbb{N}}$.

由构造过程知 $\operatorname{span}(e_j)_j=\operatorname{span}(a_j)_j$, 并在 H 中稠密. 因此 $(e_j)_{j\in\mathbb{N}}$ 是一个正交基. □

定理 2.3.2 设 H 是一个无限维可分准 Hilbert 空间, (e_j) 是 H 的一个正交基. 则 H 的每一个元素 h 能表达为

$$h=\sum_{j=1}^{\infty}c_je_j,$$

此处和式在 H 中收敛, 且系数 c_j 满足

$$\sum_{j=1}^{\infty}|c_j|^2<\infty.$$

系数由 $c_j=c_j(h)=\langle h,e_j\rangle$ 所唯一确定. 映射 $h\mapsto(c_j)_{j\in\mathbb{N}}$ 是 H 到 $\ell^2(\mathbb{N})$ 的一个等距. 对于 $h,h'\in H$, 有

$$\langle h,h'\rangle=\sum_{j=0}^{\infty}c_j(h)\overline{c_j(h')},$$

特别地, $\|h\|^2=\sum_{j=1}^{\infty}|c_j|^2$.

证明 设 $h \in H$, 令 $c_j(h) = \langle h, e_j \rangle$. 对 $n \in \mathbb{N}$, 令 $s_n(h) = \sum_{j=1}^{n} c_j e_j \in H$. 重复引理 1.3.1 中的运算有

$$\begin{aligned} 0 &\leqslant \|h - s_n(h)\|^2 \\ &= \left\langle h - \sum_{j=1}^{n} c_j e_j, h - \sum_{j=1}^{n} c_j e_j \right\rangle \\ &= \|h\|^2 - \sum_{j=1}^{n} |c_j|^2. \end{aligned}$$

这样对每个 n, $\sum_{j=1}^{n} |c_j|^2 \leqslant \|h\|^2$. 因此 $\sum_{j=1}^{\infty} |c_j|^2 < \infty$.

由此得到线性映射 $T : H \to \ell^2(\mathbb{N})$ 将 h 映为序列 $(c_j(h))_j$. 因 $\sum_{j=1}^{n} |c_j(h)|^2 \leqslant \|h\|^2$, 对每个 $h \in H$, 有 $\|Th\| \leqslant \|h\|$. 对 $\mathrm{span}(e_j)_j$ 中的 h, 有 $\|Th\| = \|h\|$. 由于此子空间是稠密的, 这后面的等式对每个 $h \in H$ 成立, 因此 T 是一个等距. 特别地, $\langle h, h' \rangle = \langle Th, Th' \rangle = \sum_{j=1}^{\infty} c_j(h)\overline{c_j(h')}$. □

前面的定理有几个重要的推论. 首先, 在同构的意义下, 只有一个无穷维的可分 Hilbert 空间, 即 $\ell^2(\mathbb{N})$. 其次, Hilbert 空间中所有计算可归结为正交基的元素的计算. 最后, 它使我们可将一个准 Hilbert 空间嵌入一个 Hilbert 空间, 作为一个稠密子空间. 这可进一步解释为: 准 Hilbert 空间 H 的一个稠密子空间是这样一个子空间 V, 使得对每个 $h \in H$, 都存在 V 中的序列 (v_n) 收敛到 h.

定理 2.3.3 (完备化) 对每一个可分的准 Hilbert 空间 V, 存在 Hilbert 空间 H, 使得存在一个等距 $T : V \to H$ 映 V 到 H 的一个稠密子空间, 称 H 为 V 的完备化. 在同构的意义下, V 的完备化是唯一的: 如 $T' : V \to H'$ 是另一个映入 Hilbert 空间 H' 的稠密子空间的等距, 那么存在唯一的同构映射 $S : H \to H'$ 使得 $T' = S \circ T$. 我们用下面的交换图表来说明:

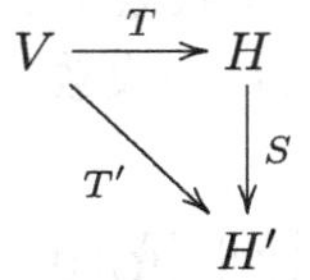

习惯上, 考虑一个准 Hilbert 空间通过恒同于完备化映射的象而作为它的完备化的一个子空间.

该定理对于不可分空间仍成立, 但我们仅证明可分的情形.

证明 设 V 是一个可分的准 Hilbert 空间. 如 V 是有限维的, 那么 V 自身就是一个 Hilbert 空间且取 T 为恒等映射. 否则, 取正交基 (e_j), 令 $H = \ell^2(\mathbb{N})$ 及 $T : V \to \ell^2(\mathbb{N})$ 是在定理 2.3.2 中给出的等距. 需证明 $T(V)$ 在 $H = \ell^2(\mathbb{N})$ 中稠密.

设 $f \in \ell^2(\mathbb{N})$. 对 $n \in \mathbb{N}$, 记 $f_n \in \ell^2(\mathbb{N})$ 定义为

$$f_n(j) = \begin{cases} f(j), & \text{若 } j \leqslant n, \\ 0, & \text{若 } j > n. \end{cases}$$

那么

$$\|f - f_n\|^2 = \sum_{j>n} |f(j)|^2,$$

它随 $n \to \infty$ 时趋于 0. 因此序列 (f_n) 在 $\ell^2(\mathbb{N})$ 中收敛于 f. 对 $j = 1, 2, \cdots, n$, 令 $\lambda_j = f(j)$. 那么

$$f_n = T(\lambda_1 e_1 + \cdots + \lambda_n e_n).$$

因此 f_n 在 T 的象中, 从而 $T(V)$ 在 H 中稠密. 这样证明了存在性部分.

现如有另一个等距 $T' : V \to H'$ 的稠密子空间. 定义映射 $S : H \to H'$ 如下: 设 $h \in H$, 则存在 V 中的序列 (v_n) 使 $T(v_n)$ 收敛于 h. 由于 T 是等距, 因此 (v_n) 是 V 中的 Cauchy 列, 又因 T' 也是等距, 从而 $(T'(v_n))$ 是 H' 中的 Cauchy 列, 因此它收敛于 H' 中的元素 h', 这样定义 $S(h) = h'$. 易知 $S(h)$ 不依赖于序列 (v_n) 的选取, 因而是确定的. 为看出 S 是个等距, 令 $v, w \in H$, 取 V 中序列 $(v_n), (w_n)$ 使 $T(v_n)$ 收敛于 v_n, 且 $T(w_n)$ 收敛于 w. 于是

$$\begin{aligned} \langle S(v), S(w) \rangle &= \left\langle \lim_n T'(v_n), \lim_n T'(w_n) \right\rangle = \lim_n \langle v_n, w_n \rangle \\ &= \left\langle \lim_n T(v_n), \lim_n T(w_n) \right\rangle = \langle v, w \rangle. \end{aligned}$$

由 S 的构造知 $T' = S \circ T$. □

推论 2.3.4　设 V 是一个准 Hilbert 空间, 其完备化为 H. 而 H' 是包含 V 的 H 的一个 Hilbert 子空间, 那么 $H' = H$.

证明　设 $h \in H$, 那么存在 V 中收敛于 h 的序列 v_n. 由此推出 (v_n) 必然是 $V \subset H'$ 中的 Cauchy 列, 因此它在 H' 中收敛, 故其极限 $h \in H'$. □

2.4　回到 Fourier 级数

在前一章我们看到, 带有内积

$$\langle f, g \rangle = \int_0^1 f(x)\overline{g(x)}\mathrm{d}x$$

的空间 $C(\mathbb{R}/\mathbb{Z})$ 是准 Hilbert 空间, 此空间是不完备的 (见习题 2.12). 令 $L^2(\mathbb{R}/\mathbb{Z})$ 是它的完备化, 那么第 1 章的某些主要结果可综合为下面的定理:

定理 2.4.1 指数函数 $e_k(x) = \mathrm{e}^{2\pi \mathrm{i} kx}$, $k \in \mathbb{Z}$, 形成 Hilbert 空间 $L^2(\mathbb{R}/\mathbb{Z})$ 的一个正交基 $(e_k)_{k\in\mathbb{Z}}$.

证明 正交性, 即 $\langle e_k, e_k' \rangle = \delta_{k,k'}$, 由引理 1.2.1 给出, 因此 (e_k) 为一正交系. 令 H 为所有满足 $\sum_{k\in\mathbb{Z}} |c_k|^2 < \infty$ 的级数 $\sum_{k\in\mathbb{Z}} c_k e_k$ 的空间, 因此, 这样的级数在 $L^2(\mathbb{R}/\mathbb{Z})$ 中收敛. 那么映射 $\sum_{k\in\mathbb{Z}} c_k e_k \mapsto (c_k)_{k\in\mathbb{Z}}$ 给出了 H 到 $\ell^2(\mathbb{Z})$ 的一个同构, 因此, H 是 $L^2(\mathbb{R}/\mathbb{Z})$ 的一个 Hilbert 子空间. 由定理 1.4.4 知 H 包含了 $C(\mathbb{R}/\mathbb{Z})$, 进而由推论 2.3.4 知它等于 $L^2(\mathbb{R}/\mathbb{Z})$. 这样就证明了 $L^2(\mathbb{R}/\mathbb{Z})$ 中每一个元素均可表示为和式 $h = \sum_{k\in\mathbb{Z}} c_k e_k$, 且 $c_k = \langle h, e_k \rangle$. 由此得出 (e_k) 是完全的. □

空间 $L^2(\mathbb{R}/\mathbb{Z})$ 也能作为 $\mathbb{R}/\mathbb{Z}$ 上的函数类的空间来描述 [20]. 然而, 所需要的技巧已超出本书的范围, 我们将不做进一步讨论.

2.5 习 题

习题 2.1 设 H 是 Hilbert 空间. 证明如下的极化恒等式: 对 $x, y \in H$,

$$4\langle x, y \rangle = \|x+y\|^2 - \|x-y\|^2 + \mathrm{i}\|x+\mathrm{i}y\|^2 - \mathrm{i}\|x-\mathrm{i}y\|^2.$$

习题 2.2 设 $T: H \to H$ 为可分 Hilbert 空间 H 上连续的线性映射. 证明下列陈述等价:

(a) T 为酉映射;

(b) 对每一个正交基 (e_j), 族 (Te_j) 也是正交基;

(c) 存在正交基 (e_j), 使得族 (Te_j) 为正交基.

习题 2.3 设 H, H' 是 Hilbert 空间. 令 $T: H \to H$ 是满足 $\|Tx\| = \|x\|, x \in H$ 的线性映射. 证明: T 是一个等距, 即对任意的 $x, y \in H$,

$$\langle Tx, Ty \rangle = \langle x, y \rangle.$$

习题 2.4 令 $T: \ell^2(\mathbb{N}) \to \ell^2(\mathbb{N})$ 定义为

$$Tf(n) \stackrel{\text{def}}{=\!=} \begin{cases} f(n-1), & n > 1, \\ 0, & n = 0. \end{cases}$$

证明: T 是一个等距但不是酉映射.

习题 2.5 证明: 如 $(v_n), (w_n)$ 是 Cauchy 列, 则它们的和 $(v_n + w_n)$ 也是 Cauchy 列. 进一步, 如 (v_n) 收敛于 v, (w_n) 收敛于 w, 那么 $(v_n + w_n)$ 收敛于 $v + w$.

习题 2.6 设 S 为一个集合, f 为定义在 S 上的非负函数. 又设除去可数子集 $\{s_1, s_2, \cdots\} \subset S$ 之外, $f(s) = 0$. 证明:

$$\sum_{j=1}^{\infty} f(s_j) = \sup_{\substack{F \subset S \\ F\text{有限}}} \sum_{s\in F} f(s).$$

注意到上式两边可以是无限.

习题 2.7 令 S 为一个集合, $\ell^1(S)$ 记所有 $f: S \to \mathbb{C}$, 使

$$\sum_{s\in S} |f(s)| < \infty$$

的函数的集合. 证明:

$$\|f\|_1 = \sum_{s\in S} |f(s)|$$

定义了 $\ell^1(S)$ 上的范数.

习题 2.8 对怎样的 $s \in \mathbb{C}$, 函数 $f(n) = n^{-s}$ 属于 $\ell^2(\mathbb{N})$? 函数 $f(n) = n^{-s}$ 属于 $\ell^1(\mathbb{N})$?

习题 2.9 对 $T > 0$, 令 $C([-T,T])$ 记所有 $f: [-T,T] \to \mathbb{C}$ 的连续函数空间. 证明: 对 $f, g \in C([-T,T])$,

$$\langle f, g\rangle = \int_{-T}^{T} f(x)\overline{g(x)}\mathrm{d}x$$

定义了该空间上的一个内积.

习题 2.10 令 V 是有限维的准 Hilbert 空间且 $W \subset V$ 是子空间. 设 U 是 W 的正交空间, 即 U 是所有 $u \in V$ 的集合, 使对每一个 $w \in W$, $\langle u, w\rangle = 0$. 证明: V 是子空间 W 和 U 的直和.

习题 2.11 令 H 是 Hilbert 空间, $(a_j)_{j\in J}$ 是 H 的元素族. 证明: (a_j) 是完全系当且仅当它的正交空间

$$(a_j)^\perp = \{h \in H : \langle h, a_j\rangle = 0, \forall j \in J\}$$

是零空间.

习题 2.12 证明: 准 Hilbert 空间 $C(\mathbb{R}/\mathbb{Z})$ 是不完备的. 提示: 对 $n \in \mathbb{N}$, 构造取值在 $[0,1]$ 中的函数列 $f_n \in C(\mathbb{R}/\mathbb{Z})$, 满足

$$f_n(x) = \begin{cases} 0, & x \in \left[0, \dfrac{1}{2} - \dfrac{1}{n+1}\right), \\ 1, & x \in \left[\dfrac{1}{2}, 1\right). \end{cases}$$

习题 2.13 设 E 为准 Hilbert 空间, (v_n) 是 E 中序列. 证明: (v_n) 在 E 中最多收敛于一个元素, 即若 (v_n) 收敛于 v 和 v', 则 $v = v'$.

习题 2.14 设 $(V, \langle\cdot,\cdot\rangle)$ 是准 Hilbert 空间, 证明其内积是连续的. 即证明: 若序列 (v_n) 在 V 中收敛于 v, 且 (w_n) 在 V 中收敛于 w, 则 $\langle v_n, w_n\rangle$ 收敛于 $\langle v, w\rangle$.

习题 2.15　设 (v_n) 是准 Hilbert 空间 V 中的 Cauchy 列. 证明其范数列 $(\|v_n\|)$ 是 $\mathbb{C}$ 中的 Cauchy 列.

习题 2.16　设 H 为 Hilbert 空间且 $v, w \in H$. 证明:

$$\|v+w\|^2 + \|v-w\|^2 = 2\|v\|^2 + 2\|w\|^2.$$

此等式称为平行四边形法则.

习题 2.17　设 H 为 Hilbert 空间, $T : H \to H$ 为映射. 设 T 有一个伴随, 即存在 H 上的映射 T^* 使对所有 $v, w \in H$,

$$\langle Tv, w\rangle = \langle v, T^*w\rangle.$$

证明: T 和 T^* 均为线性的.

习题 2.18　令 V 为有限维的 Hilbert 空间. 线性算子 $A : V \to V$ 称为自伴的, 如对任意 $v, w \in V$, 有 $\langle Av, w\rangle = \langle v, Aw\rangle$. 证明: 如 A 是自伴的, 则 A 是可对角化的, 即 V 有一个由 A 的特征向量组成的基.

提示: 若 V 的子空间 W 在 A 下保持不变, 则其正交空间 $W^\perp$ 也在 A 下不变. 然后关于 V 的维数运用归纳法.

习题 2.19　记 $C([0,1])$ 为区间 $[0,1]$ 上所有连续函数关于内积

$$\langle f, g\rangle = \int_0^1 f(x)\overline{g(x)}\mathrm{d}x$$

的准 Hilbert 空间. 令 V 是所有在 $\left[0, \frac{1}{2}\right]$ 上恒为零的函数的子空间. 证明: $V^\perp$ 是所有在 $\left[\frac{1}{2}, 1\right]$ 上恒为零的函数的子空间.

习题 2.20　令 F 为准 Hilbert 空间, E 是 F 的稠密子空间. 证明它们的完备化是相同的. 即证明: F 的每一个完备化是 E 的完备化, 且 F 能被嵌入 E 的每一个完备化中以使得它也是 F 的完备化.

第 3 章 Fourier 变换

在 Fourier 级数那一章, 我们看到每一个连续周期函数可写作简单波的和. 对于 $\mathbb{R}$ 上非周期函数, 只要它们是平方可积的, 那么类似的结果也成立. 在周期情况下, 可能的波是 $\cos(2\pi kx)$ 和 $\sin(2\pi kx)$, 其中 k 必须是整数, 这意味着可能的 "波长" 是 $1, \frac{1}{2}, \frac{1}{3}, \cdots$. 而在非周期情形下, 没有波长的限制, 每一个实数都可能出现. 因此, 在这样的情况下, Fourier 级数的和将必然被 $\mathbb{R}$ 上的积分所代替, 这样便给出了 Fourier 变换.

3.1 收敛定理

在给出 $\mathbb{R}$ 上的 Fourier 变换之前, 需要两个极其重要的技术工具: 控制收敛定理和单调收敛定理. 在此仅给出这些结果的相当弱的形式. 欲了解更多信息的读者可参看文献 [20].

称 $\mathbb{R}$ 上连续函数列 f_n 局部一致收敛于函数 f, 如对每一个 $x \in \mathbb{R}$, 存在 x 的邻域使得 f_n 一致收敛. 这等价于说该序列在每个闭区间 $[a,b]\,(a,b \in \mathbb{R})$ 上一致收敛 (见习题 3.10).

引理 3.1.1 (控制收敛定理的特殊情形) 设 f_n 是 $\mathbb{R}$ 上连续数列, 它局部一致的收敛于函数 f. 设存在 $\mathbb{R}$ 上非负函数 g 满足 $\int_{-\infty}^{\infty} g(x)\mathrm{d}x < \infty$ 且对每个 $x \in \mathbb{R}$ 及 $n \in \mathbb{N}$, $|f_n(x)| \leqslant g(x)$. 那么 $\int_{-\infty}^{\infty} f_n(x)\mathrm{d}x$ 和 $\int_{-\infty}^{\infty} f(x)\mathrm{d}x$ 均存在, 且

$$\lim_{n\to\infty}\int_{-\infty}^{\infty} f_n(x)\mathrm{d}x = \int_{-\infty}^{\infty} f(x)\mathrm{d}x.$$

证明 对每个 $T > 0$, 函数列 f_n 在 $[-T, T]$ 上一致收敛. 因此

$$\int_{-T}^{T} |f(x)|\mathrm{d}x = \lim_{n\to\infty}\int_{-T}^{T} |f_n(x)|\mathrm{d}x \leqslant \int_{-T}^{T} g(x)\mathrm{d}x \leqslant \int_{-\infty}^{\infty} g(x)\mathrm{d}x < \infty,$$

且对每一个 n,

$$\int_{-T}^{T} |f_n(x)|\mathrm{d}x \leqslant \int_{-T}^{T} g(x)\mathrm{d}x \leqslant \int_{-\infty}^{\infty} g(x)\mathrm{d}x < \infty,$$

此表明了积分的存在性. 令 $g_n = f_n - f$, 则 $|g_n| \leqslant 2g$. 需说明 $\int_{-\infty}^{\infty} g_n(x)\mathrm{d}x$ 趋于 0. 为此令 $\varepsilon > 0$, 那么存在 $T > 0$, 使得

$$\int_{|x|>T} 2g(x)\mathrm{d}x < \frac{\varepsilon}{2}.$$

因为 g_n 在 $[-T, T]$ 上一致趋于 0, 存在 $n_0 \in \mathbb{N}$ 使对所有 $n \geqslant n_0$, 有

$$\int_{-T}^{T} |g_n(x)|\mathrm{d}x < \frac{\varepsilon}{2}.$$

对 $n \geqslant n_0$, 有

$$\begin{aligned}\int_{-\infty}^{\infty} |g_n(x)|\mathrm{d}x &= \int_{-T}^{T} |g_n(x)|\mathrm{d}x + \int_{|x|>T} |g_n(x)|\mathrm{d}x \\ &\leqslant \int_{-T}^{T} |g_n(x)|\mathrm{d}x + 2\int_{|x|>T} g(x)\mathrm{d}x \\ &< \frac{\varepsilon}{2} + \frac{\varepsilon}{2} = \varepsilon.\end{aligned}$$

这样就完成了引理的证明. □

引理 3.1.2 (单调收敛定理的特殊情形) 设 f_n 是 $\mathbb{R}$ 上连续非负函数列且存在连续函数 f, 使 f_n 局部一致收敛于 f. 如果 f_n 是单调增的, 即对每个 $n \in \mathbb{N}$ 及 $x \in \mathbb{R}$, $f_{n+1}(x) \geqslant f_n(x)$. 那么

$$\lim_{n\to\infty} \int_{-\infty}^{\infty} f_n(x)\mathrm{d}x = \int_{-\infty}^{\infty} f(x)\mathrm{d}x.$$

证明 如果 $\int_{-\infty}^{\infty} f(x)\mathrm{d}x < \infty$, 那么由控制收敛定理 (引理 3.1.1)① 可得出. 现不妨设 $\int_{-\infty}^{\infty} f(x)\mathrm{d}x = \infty$. 对每个 $C > 0$, 存在 $T > 0$, 使

$$\int_{-T}^{T} f(x)\mathrm{d}x > C.$$

由局部一致收敛性, 存在 $n_0 \in \mathbb{N}$, 使得当 $n \geqslant n_0$ 时,

$$\int_{-\infty}^{\infty} f_n(x)\mathrm{d}x \geqslant \int_{-T}^{T} f(x)\mathrm{d}x > C,$$

由此得出引理结论. □

① 此处 "(引理 3.1.1)" 是译者加的.—— 译者注

3.2 卷　　积

卷积是一个标准技术, 例如, 可用它得到连续函数的光滑逼近. 它将是本章主要定理证明中的本质工具. 令 L_{bc}^1 是所有有界连续函数 $f:\mathbb{R}\to\mathbb{C}$ 满足

$$\|f\|_1 \stackrel{\text{def}}{=\!=} \int_{-\infty}^{\infty} |f(x)|\mathrm{d}x < \infty$$

的集合. 易知 $\|\cdot\|_1$ 满足范数公理, 即对 $f,g\in L_{bc}^1(\mathbb{R})$ 和 $\lambda\in\mathbb{C}$,

- $\|\lambda f\|_1 = \lambda\|f\|_1$②;
- $\|f\|_1 = 0 \Leftrightarrow f = 0$;
- $\|f+g\|_1 \leqslant \|f\|_1 + \|g\|_1$.

最后一条, 三角不等式确保当 f,g 在 $L_{bc}^1(\mathbb{R})$ 中时, 它们的和 $f+g$ 也在 $L_{bc}^1(\mathbb{R})$ 中. 因此 $L_{bc}^1(\mathbb{R})$ 实际上是一个向量空间.

定理 3.2.1　令 $f,g\in L_{bc}^1(\mathbb{R})$, 那么积分

$$f*g(x) = \int_{-\infty}^{\infty} f(y)g(x-y)\mathrm{d}y$$

对每一个 $x\in\mathbb{R}$ 存在且定义了函数 $f*g\in L_{bc}^1(\mathbb{R})$. 下面的等式对于 $f,g,h\in L_{bc}^1(\mathbb{R})$ 成立:

$$f*g = g*f;\quad f*(g*h) = (f*g)*h;\quad f*(g+h) = f*g+f*h.$$

函数 $f*g$ 称为卷积, 或者函数 f 和 g 的卷积.

证明　假定对每个 $x\in\mathbb{R}$, $|g(x)|\leqslant C$. 那么

$$\int_{-\infty}^{\infty} |f(y)g(x-y)|\mathrm{d}y \leqslant C\int_{-\infty}^{\infty} |f(y)|\mathrm{d}y = C\|f\|_1.$$

此式蕴含了 $f*g$ 的存在性和有界性. 下证它是连续的. 设对任意 $x\in\mathbb{R}$, $|f(x)|,|g(x)|\leqslant C$ 且 $g\neq 0$. 任取 $x_0\in\mathbb{R}$ 及 $\varepsilon>0$, 则存在 $T>|x_0|$, 使得

$$\int_{|y|>T} |f(y)|\mathrm{d}y < \frac{\varepsilon}{4C}.$$

因连续函数在有界闭区间上是一致连续的, 存在 $\delta>0$, 使得③

$$|x|\leqslant 2T,\quad |x-x'|<\delta \Longrightarrow |g(x)-g(x')| < \frac{\varepsilon}{2\|f\|_1}.$$

---

② 原书此等式的右边误写为 $\|f\|$.—— 译者注

③ 原书此式最后一项误为 $\frac{\varepsilon}{2\|g\|_1}$.—— 译者注

则对 $|x-x_0|<\delta$, 有

$$\begin{aligned}&\left|\int_{-T}^{T} f(y)g(x-y)\mathrm{d}y-\int_{-T}^{T} f(y)g(x_0-y)\mathrm{d}y\right|\\ \leqslant&\int_{-T}^{T}|f(y)||g(x-y)-g(x_0-y)|\mathrm{d}y\\ \leqslant&\frac{\varepsilon}{2\|f\|_1}\int_{-T}^{T}|f(y)|\mathrm{d}y\leqslant\frac{\varepsilon}{2},\end{aligned}$$

且

$$\int_{|y|>T}|f(y)||g(x-y)-g(x_0-y)|\mathrm{d}y\leqslant 2C\int_{|y|>T}|f(y)|\mathrm{d}y<\frac{\varepsilon}{2}.$$

综上得到, 对 $|x-x_0|<\delta$ 有

$$|f*g(x)-f*g(x_0)|<\varepsilon,$$

故 $f*g$ 在 x_0 处连续. 现说明 $\|f*g\|_1<\infty$.

$$\begin{aligned}\|f*g\|_1&=\int_{-\infty}^{\infty}|f*g(x)|\mathrm{d}x\\ &=\int_{-\infty}^{\infty}\left|\int_{-\infty}^{\infty} f(y)g(x-y)\mathrm{d}y\right|\mathrm{d}x\\ &\leqslant\int_{-\infty}^{\infty}\int_{-\infty}^{\infty}|f(y)g(x-y)|\mathrm{d}y\mathrm{d}x\\ &=\int_{-\infty}^{\infty}\int_{-\infty}^{\infty}|f(y)g(x-y)|\mathrm{d}x\mathrm{d}y\\ &=\int_{-\infty}^{\infty}|f(y)|\mathrm{d}y\int_{-\infty}^{\infty}|g(x)|\mathrm{d}x\\ &=\|f\|_1\|g\|_1.\end{aligned}$$

下面说明 $f*g=g*f$. 替换 $y\mapsto x-y$ 给出

$$f*g(x)=\int_{-\infty}^{\infty} f(y)g(x-y)\mathrm{d}y=\int_{-\infty}^{\infty} f(x-y)g(y)\mathrm{d}y=g*f(x).$$

最后, 由于所有积分都是绝对收敛的, 交换积分次序得到

$$\begin{aligned}f*(g*h)(x)&=\int_{-\infty}^{\infty} f(y)\int_{-\infty}^{\infty} g(z)h(x-y-z)\mathrm{d}z\mathrm{d}y\\ &=\int_{-\infty}^{\infty} g(z)\int_{-\infty}^{\infty} f(y)h(x-y-z)\mathrm{d}y\mathrm{d}z\\ &=\int_{-\infty}^{\infty}\int_{-\infty}^{\infty} f(y)g(z-y)h(x-z)\mathrm{d}y\mathrm{d}z\\ &=(f*g)*h(x).\end{aligned}$$

分配率 $f*(g+h)=f*g+f*h$ 是立刻可知的. □

3.3 变　　换

对 $f\in L^1_{bc}(\mathbb{R})$, 定义它的 Fourier 变换为

$$\hat{f}(y)=\int_{-\infty}^{\infty}f(x)\mathrm{e}^{-2\pi\mathrm{i}xy}\mathrm{d}x.$$

由估计

$$|\hat{f}(y)|\leqslant\int_{-\infty}^{\infty}|f(x)\mathrm{e}^{-2\pi\mathrm{i}xy}|\mathrm{d}x=\int_{-\infty}^{\infty}|f(x)|\mathrm{d}x<\infty$$

知, 对每个 $f\in L^1_{bc}(\mathbb{R})$, Fourier 变换 $\hat{f}(x)$ 是有界的. 现在给出 Fourier 变换的基本性质.

定理 3.3.1 令 $f\in L^1_{bc}(\mathbb{R})$.

(a) 对 $a\in\mathbb{R}$, 如果 $g(x)=f(x)\mathrm{e}^{2\pi\mathrm{i}ax}$, 那么 $\hat{g}(y)=\hat{f}(y-a)$;

(b) 如果 $g(x)=f(x-a)$, 那么 $\hat{g}(y)=f(y)\mathrm{e}^{-2\pi\mathrm{i}ay}$;

(c) 如果 $g\in L^1_{bc}(\mathbb{R})$ 且 $h=f*g$, 那么 $\hat{h}(y)=\hat{f}(y)\hat{g}(y)$;

(d) 对 $\lambda>0$, 如果 $g(x)=f\left(\dfrac{x}{\lambda}\right)$, 那么 $\hat{g}(y)=\lambda\hat{f}(\lambda y)$;

(e) 如果 $g(x)=-2\pi\mathrm{i}xf(x)$ 且 $g\in L^1_{bc}(\mathbb{R})$, 那么 $\hat{f}$ 是连续可微的, 且 $(\hat{f})'(y)=\hat{g}(y)$;

(f) 设 f 连续可微, 且 f 和 f' 均在 $L^1_{bc}(\mathbb{R})$ 中, 那么 $\widehat{f'}(y)=2\pi\mathrm{i}y\hat{f}(y)$, 特别地, 函数 $y\hat{f}(y)$ 有界;

(g) 设 f 是二阶连续可微且 f, f', f'' 均在 $L^1_{bc}(\mathbb{R})$ 中, 那么 $\hat{f}\in L^1_{bc}(\mathbb{R})$.

证明 结论 (a), (b), (d) 是定义的直接结论. 关于 (c), 有

$$\begin{aligned}\hat{h}(y)&=\int_{-\infty}^{\infty}h(x)\mathrm{e}^{-2\pi\mathrm{i}xy}\mathrm{d}x\\&=\int_{-\infty}^{\infty}\int_{-\infty}^{\infty}f(x-z)g(z)\mathrm{d}z\mathrm{e}^{-2\pi\mathrm{i}xy}\mathrm{d}x\\&=\int_{-\infty}^{\infty}\int_{-\infty}^{\infty}f(x-z)\mathrm{e}^{-2\pi\mathrm{i}xy}\mathrm{d}xg(z)\mathrm{d}z\\&=\int_{-\infty}^{\infty}\int_{-\infty}^{\infty}f(x)\mathrm{e}^{-2\pi\mathrm{i}xy}\mathrm{d}xg(z)\mathrm{e}^{-2\pi\mathrm{i}zy}\mathrm{d}z\\&=\hat{f}(y)\hat{g}(y).\end{aligned}$$

对于 (e), 注意到

$$\frac{\hat{f}(y)-\hat{f}(z)}{y-z}=\int_{-\infty}^{\infty}f(x)\mathrm{e}^{-2\pi\mathrm{i}zx}\frac{\mathrm{e}^{-2\pi\mathrm{i}x(y-z)}-1}{y-z}\mathrm{d}x.$$

令 $\varphi(x,u)=\dfrac{(\mathrm{e}^{-2\pi\mathrm{i}xu}-1)}{u}$, 那么对所有 $u\neq 0$, $|\varphi(x,u)|\leqslant 2\pi|x|$, 且当 $u\to 0$ 时,

$$\varphi(x,u)\to -2\pi\mathrm{i}x.$$

上述收敛性关于 x 是局部一致的. 因此结论 (e) 由控制收敛定理得出.

下证 (f). 由 $|f|$ 的可积性, 存在序列 $S_n,T_n\to\infty$ 使得 $f(-S_n),f(T_n)\to 0$. 这样有

$$\begin{aligned}\widehat{f'}(y)&=\lim_{n\to\infty}\int_{-S_n}^{T_n}f'(x)\mathrm{e}^{-2\pi\mathrm{i}xy}\mathrm{d}x\\&=\lim_{n\to\infty}[f(T_n)\mathrm{e}^{-2\pi\mathrm{i}yT_n}-f(-S_n)\mathrm{e}^{2\pi\mathrm{i}yS_n}]\\&\quad+\lim_{n\to\infty}\left[2\pi\mathrm{i}y\int_{-S_n}^{T_n}f(x)\mathrm{e}^{-2\pi\mathrm{i}xy}\mathrm{d}y\right]\\&=2\pi\mathrm{i}y\int_{-\infty}^{\infty}f(x)\mathrm{e}^{-2\pi\mathrm{i}xy}\mathrm{d}x.\end{aligned}$$

最后, 两次应用结论 (f) 得到 $y^2\hat{f}(y)$ 有界, 所以 $\hat{f}$ 连续, 所以 $\hat{f}$ 是可积的. □

引理 3.3.2 (Riemann- Lebesgue 引理)　设 $f\in L^1_{bc}(\mathbb{R})$, 那么 $\lim_{|x|\to\infty}\hat{f}(x)=0$.

证明　由计算[4]

$$\begin{aligned}\hat{f}(x)&=\int_{-\infty}^{\infty}f(y)\mathrm{e}^{-2\pi\mathrm{i}xy}\mathrm{d}y\\&=-\int_{-\infty}^{\infty}f(y)\mathrm{e}^{-2\pi\mathrm{i}x(y+\frac{1}{2x})}\mathrm{d}y\\&=\int_{-\infty}^{\infty}f\left(y-\frac{1}{2x}\right)\mathrm{e}^{-2\pi\mathrm{i}xy}\mathrm{d}y.\end{aligned}$$

因此

$$\hat{f}(x)=\frac{1}{2}\int_{-\infty}^{\infty}\left[f(y)-f\left(y-\frac{1}{2x}\right)\right]\mathrm{e}^{-2\pi\mathrm{i}xy}\mathrm{d}y.$$

由控制收敛定理和 f 的连续性推出 $\lim_{|x|\to\infty}\hat{f}(x)=0$. □

设 $\mathcal{S}=\mathcal{S}(\mathbb{R})$ 是 Schwartz 函数空间, 即 $\mathcal{S}$ 是由所有无穷次可微函数 $f:\mathbb{R}\to\mathbb{C}$, 并使对[5] $m,n\geqslant 0$,

$$\sigma_{m,n}(f)=\sup_{x\in\mathbb{R}}|x^m f^{(n)}(x)|<\infty$$

的函数组成. Schwartz 函数的一个例子是 $f(x)=\mathrm{e}^{-x^2}$.

命题 3.3.3　$\mathcal{S}\subset L^1_{bc}(\mathbb{R})$, 且 Fourier 变换映 $\mathcal{S}$ 到其自身, 即若 $f\in\mathcal{S}$, 则 $\hat{f}\in\mathcal{S}$.

---

④ 原书下式第一个等式的左边误写为 $f(x)$.—— 译者注

⑤ 如无特别说明, 此处及下面, m,n 均为非负整数, 即 $m,n\in\mathbb{N}_0$.—— 译者注

证明 设 $f \in \mathcal{S}$, 则 f 有界连续, 且对任意 $x \in \mathbb{R}$, $|(1+x^2)f(x)| \leqslant C$. 故

$$\int_{-\infty}^{\infty} |f(x)| \mathrm{d}x \leqslant C \int_{-\infty}^{\infty} \frac{1}{1+x^2} \mathrm{d}x < \infty.$$

因此 $f \in L^1_{bc}(\mathbb{R})$. 对于 $f \in \mathcal{S}$, 重复应用定理 3.3.1(e) 知 $\hat{f}$ 是无穷次可微, 且对 $n \in \mathbb{N}$,

$$[(-2\pi \mathrm{i} x)^n f]\hat{} = (\hat{f})^{(n)}.$$

再重复运用定理 3.3.1 (f) 得知, 对每一个 $f \in \mathcal{S}$ 及 $n \in \mathbb{N}$,

$$\widehat{f^{(n)}}(y) = (2\pi \mathrm{i} y)^n \hat{f}(y).$$

综上, 对每一 $f \in \mathcal{S}$ 以及 $m, n \geqslant 0$, 函数 $y^m (\hat{f})^{(n)}(y)$ 是 $\mathcal{S}$ 中某函数的 Fourier 变换, 因此它是有界的. □

3.4 反演公式

本节将说明, Fourier 变换连同一个符号的反转是它自身的逆. 我们需要下面的辅助函数: 对 $\lambda > 0$ 及 $x \in \mathbb{R}$, 令

$$h_\lambda(x) = \int_{-\infty}^{\infty} \mathrm{e}^{-\lambda|t|} \mathrm{e}^{2\pi \mathrm{i} t x} \mathrm{d}t.$$

注意到 $0 < \mathrm{e}^{-\lambda|t|} \leqslant 1$, 且当 $\lambda \to 0$ 时, $\mathrm{e}^{-\lambda|t|}$ 局部一致收敛于 1.

引理 3.4.1 有

$$h_\lambda(x) = \frac{2\lambda}{4\pi^2 x^2 + \lambda^2} \quad 及 \quad \int_{-\infty}^{\infty} h_\lambda(x) \mathrm{d}x = 1.$$

特别地, 由此推出, 对 $\lambda > 0$, $h_\lambda(x) = \dfrac{1}{\lambda} h_1\left(\dfrac{x}{\lambda}\right)(x)$.

证明 因

$$\begin{aligned} h_\lambda(x) &= \int_0^{\infty} \mathrm{e}^{2\pi \mathrm{i} t x - \lambda t} \mathrm{d}t + \int_{-\infty}^{0} \mathrm{e}^{2\pi \mathrm{i} t x + \lambda t} \mathrm{d}t \\ &= \left.\frac{\mathrm{e}^{2\pi \mathrm{i} t x - \lambda t}}{2\pi \mathrm{i} x - \lambda}\right|_0^{\infty} + \left.\frac{\mathrm{e}^{2\pi \mathrm{i} t x + \lambda t}}{2\pi \mathrm{i} x + \lambda}\right|_{-\infty}^{0} \\ &= \frac{1}{\lambda - 2\pi \mathrm{i} x} + \frac{1}{\lambda + 2\pi \mathrm{i} x} = \frac{2\lambda}{\lambda^2 + 4\pi^2 x^2}. \end{aligned}$$

由习题 3.1 得

$$\int_{-\infty}^{\infty} h_\lambda(x)\mathrm{d}x = \frac{2}{\lambda}\int_{-\infty}^{\infty} \frac{1}{1+\left(\frac{2\pi x}{\lambda}\right)^2}\mathrm{d}x$$

$$= \frac{1}{\pi}\int_{-\infty}^{\infty} \frac{1}{1+x^2}\mathrm{d}x = 1.$$

□

引理 3.4.2 如果 $f \in L^1_{bc}(\mathbb{R})$, 那么对每个 $\lambda > 0$,

$$f * h_\lambda(x) = \int_{-\infty}^{\infty} \mathrm{e}^{-\lambda|t|}\hat{f}(t)\mathrm{e}^{2\pi\mathrm{i}tx}\mathrm{d}t.$$

证明 由计算

$$\begin{aligned} f * h_\lambda(x) &= \int_{-\infty}^{\infty} f(y)h_\lambda(x-y)\mathrm{d}y \\ &= \int_{-\infty}^{\infty} f(y)\int_{-\infty}^{\infty} \mathrm{e}^{-\lambda|t|}\mathrm{e}^{2\pi\mathrm{i}t(x-y)}\mathrm{d}t\mathrm{d}y \\ &= \int_{-\infty}^{\infty} \mathrm{e}^{-\lambda|t|}\mathrm{e}^{2\pi\mathrm{i}xt}\int_{-\infty}^{\infty} f(y)\mathrm{e}^{-2\pi\mathrm{i}ty}\mathrm{d}y\mathrm{d}t, \end{aligned}$$

因此得所要的结论. □

引理 3.4.3 对每个 $f \in L^1_{bc}(\mathbb{R})$ 及 $x \in \mathbb{R}$, 有

$$\lim_{\lambda\to 0} f * h_\lambda(x) = f(x).$$

证明 因 $\int_{-\infty}^{\infty} h_\lambda(x)\mathrm{d}x = 1$, 有

$$\begin{aligned} f * h_\lambda(x) - f(x) &= \int_{-\infty}^{\infty} f(y)h_\lambda(x-y)\mathrm{d}y - \int_{-\infty}^{\infty} f(y)h_\lambda(y)\mathrm{d}y \\ &= \int_{-\infty}^{\infty} (f(x-y)-f(x))h_\lambda(y)\mathrm{d}y \\ &= \int_{-\infty}^{\infty} (f(x-y)-f(x))\frac{1}{\lambda}h_1(y/\lambda)\mathrm{d}y \\ &= \int_{-\infty}^{\infty} (f(x-\lambda y)-f(x))h_1(y)\mathrm{d}y. \end{aligned}$$

如对所有 $x \in \mathbb{R}$, $|f(x)| \leqslant C$, 则被积函数 $\leqslant 2Ch_1(y)$. 当 $\lambda \to 0$ 时, $f(x-\lambda y)$ 关于 y 局部一致收敛于 $f(x)$. 这样结论由控制收敛定理得出. □

定理 3.4.4 (反演公式) 令 $f \in L^1_{bc}(\mathbb{R})$ 且设 $\hat{f} \in L^1_{bc}(\mathbb{R})$, 则对任意 $x \in \mathbb{R}$,

$$\hat{\hat{f}}(x) = f(-x).$$

此公式的另一表达式为

$$f(x)=\int_{-\infty}^{\infty}\hat{f}(y)\mathrm{e}^{2\pi\mathrm{i}xy}\mathrm{d}y.$$

证明　由引理 3.4.2, 对 $\lambda>0$ 有

$$f*h_\lambda(x)=\int_{-\infty}^{\infty}\mathrm{e}^{-\lambda|t|}\hat{f}(t)\mathrm{e}^{2\pi\mathrm{i}xt}\mathrm{d}t.$$

由引理 3.4.3, 左边当 $\lambda\to 0$ 时收敛至 $f(x)$. 而右边被积函数被 $|\hat{f}(t)|$ 所控制. 由控制收敛定理可得结论. □

推论 3.4.5　Fourier 变换在 $\mathcal{S}$ 上的限制是集 $\mathcal{S}$ 上的双射.

证明　由于 Fourier 变换将 $\mathcal{S}$ 映入自身, 推论由反演公式得出. □

下面的例子对后面将是有用的.

命题 3.4.6　令 $f(x)=\mathrm{e}^{-\pi x^2}$, 则 $f\in\mathcal{S}$ 且 $\hat{f}=f$.

证明　由习题 3.3, 函数 f 连同常数因子是微分方程

$$f'(x)=-2\pi xf(x)$$

的唯一解. 由归纳法知, 对自然数 n, 存在多项式 $p_n(x)$ 使得 $f^{(n)}(x)=p_n(x)\mathrm{e}^{-\pi x^2}$. 因为当 $|x|\to\infty$ 时, $\mathrm{e}^{-\pi x^2}$ 比 x 的任何次幂都下降得快, 故 f 在 $\mathcal{S}$ 中. 那么 $\hat{f}$ 也在 $\mathcal{S}$ 中, 由计算

$$\begin{aligned}(\hat{f})'(y)&=\int_{-\infty}^{\infty}(-2\pi\mathrm{i}x)\mathrm{e}^{-\pi x^2}\mathrm{e}^{-2\pi\mathrm{i}xy}\mathrm{d}x\\&=\mathrm{i}\int_{-\infty}^{\infty}(\mathrm{e}^{-\pi x^2})'\mathrm{e}^{-2\pi\mathrm{i}xy}\mathrm{d}x\\&=-2\pi y\hat{f}(y),\end{aligned}$$

这里使用了分部积分法. 由此得出 $\hat{f}(y)=c\mathrm{e}^{-\pi y^2}$, c 为常数. 因 $\hat{\hat{f}}(x)=f(-x)$, 故 $c^2=1$, 即 $c=\pm1$. 而 $\hat{f}(0)=\int_{-\infty}^{\infty}\mathrm{e}^{-\pi x^2}\mathrm{d}x>0$, 因此 $c=1$. □

推论 3.4.7　有

$$\int_{-\infty}^{\infty}\mathrm{e}^{-x^2}\mathrm{d}x=\sqrt{\pi}.$$

证明　命题 3.4.6 蕴含了[⑥]

$$\int_{-\infty}^{\infty}\mathrm{e}^{-\pi x^2}\mathrm{d}x=1,$$

由此通过简单的替换得到推论. □

---

⑥ 原书此处遗漏了命题编号 "3.4.6".—— 译者注

3.5 Plancherel 定理

Plancherel 定理是说 Fourier 变换保持如下定义的 L^2 范数. 令 $L^2_{bc}(\mathbb{R})$ 是所有连续有界函数 $f:\mathbb{R}\to\mathbb{C}$ 满足

$$\|f\|_2^2 \stackrel{\text{def}}{=\!=} \int_{-\infty}^{\infty} |f(x)|^2 \mathrm{d}x < \infty$$

的集合. 若 f 满足上面最后的性质, 则称 f 是平方可积函数.

引理 3.5.1 对任意的 $f,g\in L^2_{bc}(\mathbb{R})$, 积分

$$\langle f,g\rangle = \int_{-\infty}^{\infty} f(x)\overline{g(x)}\mathrm{d}x$$

收敛. 由此定义了向量空间 $L^2_{bc}(\mathbb{R})$ 上的内积. 空间 $L^1_{bc}(\mathbb{R})$ 是 $L^2_{bc}(\mathbb{R})$ 的子空间.

证明 对 $T>0$, 连续函数空间 $C([-T,T])$ 按内积

$$\langle f,g\rangle_T = \int_{-T}^{T} f(x)\overline{g(x)}\mathrm{d}x$$

是准 Hilbert 空间 (见习题 2.9). 记 $\|\cdot\|_{2,T}$ 为此空间上的范数. 对 $f,g\in L^2_{bc}(\mathbb{R})$, 它们在区间 $[-T,T]$ 上的限制为 $C([-T,T])$ 中的元素. 同样的结论对它们的绝对值 $|f|,|g|$ 也成立.

由于 Cauchy 不等式对于向量空间 $C([-T,T])$ 中元素成立, 有

$$\begin{aligned}\int_{-T}^{T} |f(x)\overline{g(x)}|\mathrm{d}x &= |\langle |f|,|g|\rangle_T| \leqslant \|f\|_{2,T}\,\|g\|_{2,T}\\ &= \sqrt{\int_{-T}^{T}|f(x)|^2\mathrm{d}x \int_{-T}^{T}|g(x)|^2\mathrm{d}x}\\ &\leqslant \sqrt{\int_{-\infty}^{\infty}|f(x)|^2\mathrm{d}x \int_{-\infty}^{\infty}|g(x)|^2\mathrm{d}x}\\ &= \|f\|_2\,\|g\|_2.\end{aligned}$$

因此积分的上界不依赖于 T, 由此知当 $T\to\infty$ 时积分收敛. 内积的性质是容易验证的. 对最后的结论, 令 $f\in L^1_{bc}(\mathbb{R})$, 那么 f 是有界的, 即对每个 $x\in\mathbb{R}$, $|f(x)|\leqslant C$. 有

$$|f(x)|^2 \leqslant C|f(x)|.$$

此蕴含了

$$\int_{-\infty}^{\infty} |f(x)|^2\mathrm{d}x \leqslant C\int_{-\infty}^{\infty}|f(x)|\mathrm{d}x = C\|f\|_1.$$

从而前面的积分有限, 即 $f \in L^2_{bc}(\mathbb{R})$. □

由此引理知, $L^2_{bc}(\mathbb{R})^*$ 是准 Hilbert 空间⑦, 记其完备化为 $L^2(\mathbb{R})$.

定理 3.5.2 (Plancherel 定理)　对每一个 $f \in L^1_{bc}(\mathbb{R})$, $\hat{f} \in L^2_{bc}(\mathbb{R})$ 且

$$\|f\|_2 = \|\hat{f}\|_2.$$

特别地, Fourier 变换 $f \mapsto \hat{f}$ 是 $L^2(\mathbb{R}) \to L^2(\mathbb{R})$ 的酉映射.

证明　记 $\tilde{f}(x) = f(-x)$, 且令 $g = \bar{\tilde{f}} * f$. 那么

$$g(x) = \int_{-\infty}^{\infty} \overline{f(y-x)} f(y) \mathrm{d}y,$$

且 $g(0) = \|f\|_2^2$. 现有

$$\hat{g}(t) = \widehat{\bar{\tilde{f}}}(t)\hat{f}(t) = \overline{\hat{f}(t)}\hat{f}(t) = |\hat{f}(t)|^2.$$

因此, 由单调收敛定理知

$$\begin{aligned}\|f\|_2^2 &= g(0) = \lim_{\lambda \to 0} g * h_\lambda(0) \\ &= \lim_{\lambda \to 0} \int_{-\infty}^{\infty} \mathrm{e}^{-\lambda|t|} \hat{g}(t) \mathrm{d}t \\ &= \lim_{\lambda \to 0} \int_{-\infty}^{\infty} \mathrm{e}^{-\lambda|t|} |\hat{f}(t)|^2 \mathrm{d}t = \|\hat{f}\|_2^2.\end{aligned}$$ □

3.6 Poisson 求和公式

在这重要的一节中, 我们将综合 $\mathbb{R}$ 和 $\mathbb{R}/\mathbb{Z}$ 上的 Fourier 分析导出漂亮且实用的 Poisson 求和公式.

令 $f : \mathbb{R} \to \mathbb{C}$ 是连续的, 并设对每个 $x \in \mathbb{R}$, 和式

$$g(x) = \sum_{l \in \mathbb{Z}} f(x+l)$$

绝对收敛, 那么 g 定义了一个周期函数. 假设它的 Fourier 级数点态收敛于函数 g, 那么

$$g(x) = \sum_{k \in \mathbb{Z}} c_k(g) \mathrm{e}^{2\pi \mathrm{i} k x}.$$

⑦ 原书此处误写为 $L'_{bc}(\mathbb{R})$.—— 译者注

这样, 对 $x=0$, 有

$$\sum_{l\in\mathbb{Z}}f(l)=g(0)=\sum_{k\in\mathbb{Z}}c_k(g)$$
$$=\sum_{k\in\mathbb{Z}}\int_0^1 g(y)\mathrm{e}^{-2\pi \mathrm{i}ky}\mathrm{d}y$$
$$=\sum_{k\in\mathbb{Z}}\int_0^1\sum_{l\in\mathbb{Z}}f(y+l)\mathrm{e}^{-2\pi \mathrm{i}ky}\mathrm{d}y.$$

假定可以交换求和及积分的次序, 那么上式等于

$$\sum_{k\in\mathbb{Z}}\sum_{l\in\mathbb{Z}}\int_l^{l+1}f(y)\mathrm{e}^{-2\pi \mathrm{i}ky}\mathrm{d}y=\sum_{k\in\mathbb{Z}}\int_{-\infty}^{\infty}f(y)\mathrm{e}^{-2\pi \mathrm{i}ky}\mathrm{d}y=\sum_{k\in\mathbb{Z}}\hat{f}(k).$$

这只是一个形式计算, 它仅在某些假设下成立. 现给出一个定理, 它的一系列条件确保这些假设是成立的.

定理 3.6.1 令 $f\in L^1_{bc}(\mathbb{R})$, 并设 f 在除去有限多个点后是分段连续可微的. 记

$$\varphi(x)=\begin{cases}f'(x), & \text{在 } f'(x) \text{ 存在的点 } x \text{ 处},\\ 0, & \text{其他}.\end{cases}$$

又设 $x^2f(x)$ 及 $x^2\varphi(x)$ 均有界. 那么 Poisson 求和公式

$$\sum_{k\in\mathbb{Z}}f(k)=\sum_{k\in\mathbb{Z}}\hat{f}(k)$$

成立.

证明 因 $x^2f(x)$ 有界, 级数 $\sum_{k\in\mathbb{Z}}f(x+k)$ 一致收敛于连续函数 g. 同样, 和式 $\sum_{k\in\mathbb{Z}}\varphi(x+k)$ 也收敛于分段连续函数[⑧] h. 由于

$$f(x)=c+\int_0^x\varphi(t)\mathrm{d}t,$$

得出[⑨]

$$\int_0^x h(t)\mathrm{d}t=\int_0^x\sum_{k\in\mathbb{Z}}\varphi(t+k)\mathrm{d}t=\sum_{k\in\mathbb{Z}}\int_0^x\varphi(t+k)\mathrm{d}t$$
$$=\sum_{k\in\mathbb{Z}}\int_k^{k+x}\varphi(t)\mathrm{d}t=\sum_{k\in\mathbb{Z}}[f(k+x)-f(k)]$$
$$=g(x)-g(0).$$

⑧ 原书将此分段连续函数记为 $\tilde{g}$, 但此与前面的记号相混淆, 因此改为 h.—— 译者注

⑨ 原书下式中第四个等号右侧少了括号 [ ].—— 译者注

上面交换了积分及求和次序, 是因为和式是一致收敛的. 这样推出 g 是分段连续可微的, 从而 Fourier 级数点态收敛.

因为和式在区间 $[0,1]$ 上一致收敛, 故积分及求和次序可以交换. 这样便完成了 Poisson 求和公式的证明. □

3.7 Θ 级数

作为 Poisson 求和公式的应用, 我们给出经典的 Θ 级数函数方程的证明. 在附录 A 中, 它被用于推导 Riemann ζ 函数的解析开拓和函数方程. 由于此函数对于数学的许多领域都是极其重要的, 故它被本书收录. 然而, 它需要复分析的知识, 这是它仅被放在附录中的原因.

定理 3.7.1 对 $t>0$, 令 $\Theta(t)=\sum_{k\in\mathbb{Z}}\mathrm{e}^{-t\pi k^2}$. 那么对每一个 $t>0$, 有

$$\Theta(t)=\frac{1}{\sqrt{t}}\Theta\left(\frac{1}{t}\right).$$

证明 令 $f_t(x)=\mathrm{e}^{-t\pi x^2}$. 那么由命题 3.4.6, $\hat{f}_1=f_1$. 再应用定理 3.3.1 (d),

$$\hat{f}_t(x)=\frac{1}{\sqrt{t}}f_{1/t}(x).$$

因 $f_t\in\mathcal{S}$, 由定理 3.6.1 给出

$$\sum_{k\in\mathbb{Z}}f_t(k)=\sum_{k\in\mathbb{Z}}\hat{f}_t(k).$$ □

3.8 习 题

习题 3.1 证明:

$$\int_{-\infty}^{\infty}\frac{1}{1+x^2}\mathrm{d}x=\pi.$$

习题 3.2 设 $a<b$ 均为实数. 令

$$g(x)=\begin{cases}1, & 若\ a\leqslant x\leqslant b,\\ 0, & 其他.\end{cases}$$

计算 Fourier 变换 $\hat{g}(x)$.

习题 3.3 令 $g:\mathbb{R}\to\mathbb{C}$ 是连续可微且满足微分方程

$$g'(x)=-2\pi xg(x).$$

证明: 存在常数 c 使得 $g(x)=c\mathrm{e}^{-\pi x^2}$.

提示：令 $u(x)=g(x)e^{\pi x^2}$ 并推出 $u'(x)=0$.

习题 3.4 令 $D=\frac{\mathrm{d}}{\mathrm{d}x}$ 是 $\mathbb{R}$ 上的常微分算子. 设 f 和 g 均在 $\mathbb{R}$ 上 n 次连续可微. 证明：

$$D^n(fg)=\sum_{k=0}^{n}\binom{n}{k}D^k g D^{n-k} f.$$

习题 3.5 令 $f(x)=\mathrm{e}^{-x^2}$. 证明：对每个 $n\geqslant 0$, 存在多项式 $p_n(x)$ 使得 $D^n f(x)=p_n(x)f(x)$, 并由此推出 f 在 $\mathcal{S}$ 中.

习题 3.6 令 $f(x)=\mathrm{e}^{-x^2}$. 计算 $f*f$.

习题 3.7 令 $f\in L^1_{bc}(\mathbb{R})$, $f>0$. 证明：对每个 $y\neq 0$, $|\hat{f}(y)|<\hat{f}(0)$.

习题 3.8 $\mathbb{R}$ 上的函数 f 称为局部可积的, 若 f 在 $\mathbb{R}$ 中每一个有限区间 $[a,b]\,(a<b)$ 上可积. 证明：如果 $g\in C_c^\infty(\mathbb{R})$ 且 f 局部可积, 那么 $f*g$ 存在且在 $\mathbb{R}$ 上无穷次可微.

习题 3.9 证明：对每个 $T>0$, 存在具有紧支集光滑函数 $\chi:\mathbb{R}\to[0,1]$, 使得在 $[-T,T]$ 上 $\chi\equiv 1$.

提示：选取适当的函数 $g\in C_c^\infty(\mathbb{R})$, 并对某区间的特征函数 f 考虑 $f*g$.

习题 3.10 证明：$\mathbb{R}$ 上函数列 (f_n) 局部一致收敛于 f 当且仅当它在任一有限区间 $[a,b]$ $(a,b\in\mathbb{R},a<b)$ 上一致收敛.

习题 3.11 证明：对 $a>0$, 下式成立：

$$\frac{1+\mathrm{e}^{-2\pi a}}{1-\mathrm{e}^{-2\pi a}}=\frac{1}{\pi}\sum_{n=-\infty}^{\infty}\frac{a}{a^2+n^2}.$$

提示：对函数 $f(x)=\mathrm{e}^{-2\pi a|x|}$ 应用 Poisson 求和公式.

第4章　分　　布

我们已经看出 Fourier 变换延拓为 $L^2(\mathbb{R})$ 到自身的一个酉映射. 然而, 它对于不在 $L^2(\mathbb{R})$ 中的无界且可积的函数也是有意义的. 这样就产生了包含所有这些空间的 Fourier 变换的最终定义域的问题. 本章将给出一个可能的回答, 我们将看到 Fourier 变换被很好地推广到缓增分布空间.

4.1　定　　义

令 $C^\infty(\mathbb{R})$ 是 $\mathbb{R}$ 上所有无穷次可微函数的向量空间. 称函数 $f:\mathbb{R}\to\mathbb{C}$ 具有紧支集, 若在一个有界区间外 $f\equiv 0$. 令 $C_c^\infty(\mathbb{R})$ 为 $\mathbb{R}$ 上所有取值在 $\mathbb{C}$ 中且具有紧支集的无穷次可微函数的复向量空间. 此空间是非零空间这一事实并不很明显, 因此给出一个非零元素. 令

$$f(x)=\begin{cases}0, & x\leqslant 0,\\ \mathrm{e}^{-\frac{1}{x}}\mathrm{e}^{-\frac{1}{1-x}}, & 0<x<1,\\ 0, & x\geqslant 1.\end{cases}$$

则 f 在区间 $[0,1]$ 之外为零. 为看出它实际上是光滑的, 只需说明函数

$$h(x)=\begin{cases}0, & x\leqslant 0,\\ \mathrm{e}^{-\frac{1}{x}}, & x>0\end{cases}$$

是无穷次可微的. 为此仅需考虑点 $x_0=0$, 因很明显 h 在其他地方是光滑的. 而当 $x\to 0$ 时, 任意阶导数 $h^{(n)}(x)(x\neq 0)$ 亦趋于 0. 此蕴含了在 $x_0=0$ 处的光滑性.

有了一个 $C_c^\infty(\mathbb{R})$ 中的非零函数 f, 就能作线性组合, 并得到形如 $f(ax+b)$ $(a\neq 0)$ 的函数, 由此可以看出 $C_c^\infty(\mathbb{R})$ 实际上是个相当大的空间.

称 $C_c^\infty(\mathbb{R})$ 中的序列 $(g_n)_{n\in\mathbb{N}}$ 收敛①于 $g\in C_c^\infty(\mathbb{R})$, 若存在有界区间 I, 使得对任意 n, 在 I 的外面 $g_n\equiv 0$, 且每阶导函数列 $(g_n^{(k)})_{n\in\mathbb{N}}$ 一致收敛于 $g^{(k)}$.

$\mathbb{R}$ 上的分布是一个线性映射

$$T:C_c^\infty(\mathbb{R})\to\mathbb{C},$$

---

① 读者应当知道这个概念不能充分描述 $C_c^\infty(\mathbb{R})$ 上的拓扑, 一种归纳极限拓扑. 然而, 如果只是仅仅考虑到 $\mathbb{C}$ 的线性映射, 那么考虑这里给出的序列就可以了.—— 作者注

使得当 g_n 在 $C_c^\infty(\mathbb{R})$ 中收敛于 g 时,

$$\lim_{n\to\infty} T(g_n) = T(g).$$

例

- δ 分布

$$\delta(f) \stackrel{\text{def}}{=\!=} f(0)$$

也称 Dirac 分布 或 Dirac δ.

- 积分

$$I(f) \stackrel{\text{def}}{=\!=} \int_{-\infty}^{\infty} f(x)\mathrm{d}x.$$

- $\mathbb{R}$ 上的函数 ϕ 称为局部 Riemann 可积, 若它在每一个有界区间上是 Riemann 可积的. 给定一个 Riemann 可积函数 ϕ, 则定义了一个分布 I_ϕ:

$$I_\phi(f) \stackrel{\text{def}}{=\!=} \int_{-\infty}^{\infty} f(x)\phi(x)\mathrm{d}x.$$

记 $\mathbb{R}$ 上所有分布的复向量空间为 $C_c^\infty(\mathbb{R})'$. 由映射 $\phi \mapsto I_\phi$ 的启发, 有时称分布为广义函数. 一个分布 T 一般不是一个函数, 因此写 $T(x)$ 是没有意义的, 不过, 记

$$T(f) = \int_{-\infty}^{\infty} T(x)f(x)\mathrm{d}x$$

是方便的. 例如, 对 $a \in \mathbb{R}$, 分布 $T(x-a)$ 定义为

$$\int_{-\infty}^{\infty} T(x-a)f(x)\mathrm{d}x \stackrel{\text{def}}{=\!=} \int_{-\infty}^{\infty} T(x)f(x+a)\mathrm{d}x.$$

因此, $T(x-a)$ 作用于 f 等于 T 作用于 $x \mapsto f(x+a)$. 例如

$$\int_{-\infty}^{\infty} \delta(x-a)f(x)\mathrm{d}x = \int_{-\infty}^{\infty} \delta(x)f(x+a)\mathrm{d}x = f(a).$$

通过映射 $\phi \mapsto I_\phi$, 空间 $L_{bc}^2(\mathbb{R})$ 可恒同于 $C_c^\infty(\mathbb{R})'$ 的一个子空间.

许多作者使用 $\mathcal{D}$ 记 $C_c^\infty(\mathbb{R})$, 且 $\mathcal{D}'$ 记 $C_c^\infty(\mathbb{R})'$.

4.2　分布的导数

分布有许多美妙的解析性质. 与函数不同的是, 分布总是可微的, 这可从下面看出.

设 ϕ 是 $\mathbb{R}$ 上的连续可微函数, 由分部积分可知, 对 $g \in C_c^\infty(\mathbb{R})$,

$$I_{\phi'}(g) = \int_{\mathbb{R}} \phi'(x)g(x)\mathrm{d}x = -\int_{\mathbb{R}} \phi(x)g'(x)\mathrm{d}x = -I_\phi(g').$$

由此开辟了推广微分到分布空间的路子. 设 T 为一个分布. 定义其导数 $T' \in C_c^\infty(\mathbb{R})'$ 为

$$T'(g) \stackrel{\text{def}}{=\!=} -T(g').$$

作为一个例子, 考虑连续可微函数 ϕ, 那么 $I'_\phi = I_{\phi'}$. 另一个例子是, 记 ϕ 为单位区间 $[0,1]$ 的特征函数. 那么对 $g \in C_c^\infty(\mathbb{R})$,

$$I'_\phi(g) = -T_\phi(g') = -\int_0^1 g'(x)\mathrm{d}x = g(0) - g(1),$$

因此可写 $I'_\phi(x) = \delta(x) - \delta(x-1)$.

4.3 缓 增 分 布

回顾 Schwartz 函数空间 $\mathcal{S} = \mathcal{S}(\mathbb{R})$ 是由所有 $\mathbb{R}$ 上 C^∞ 函数所组成, 满足

$$\sigma_{m,n}(f) = \sup_{x\in\mathbb{R}} |x^m f^{(n)}(x)| < \infty, \quad m, n \geqslant 0.$$

由命题 3.3.3 知, $\mathcal{S}$ 在 Fourier 变换下不变. 称 $\mathcal{S}$ 中序列 $(f_j)_{j\in\mathbb{N}}$ 收敛于 $f \in \mathcal{S}$, 若对任意的整数对 $m, n \geqslant 0$, $\sigma_{m,n}(f_j - f)$ 趋于零.

引理 4.3.1 空间 $\mathcal{S}$ 是 $L^2_{bc}(\mathbb{R})$ 的子空间, 且对 $\mathcal{S}$ 中每一个序列 (f_j), 当其收敛于 $f \in \mathcal{S}$ 时, 有 $\lim_{j\to\infty} \|f_j - f\|_2 = 0$.

证明 设在 $\mathcal{S}$ 中, $f_j \to f$. 特别地, $\sigma_{0,0}(f_j - f)$ 和 $\sigma_{1,0}(f_j - f)$ 均收敛于 0. 记 $C = \int_{-\infty}^{\infty} \frac{1}{(1+|x|)^2}\mathrm{d}x$, 并令 $\varepsilon > 0$. 则存在 $j_0 \in \mathbb{N}$, 使得[②]对一切 $j \geqslant j_0$,

$$\sup_{x\in\mathbb{R}} |f_j(x) - f(x)|(1+|x|) \leqslant \sigma_{0,0}(f_j - f) + \sigma_{1,0}(f_j - f) < \sqrt{\varepsilon/C}.$$

当 $j \geqslant j_0$ 时. 对每一 $x \in \mathbb{R}$, $|f_j(x) - f(x)| < \frac{\sqrt{\varepsilon/C}}{1+|x|}$. 由此得

$$\|f_j - f\|_2^2 = \int_{-\infty}^{\infty} |f_j(x) - f(x)|^2\mathrm{d}x < \int_{-\infty}^{\infty} \frac{\varepsilon/C}{(1+|x|)^2}\mathrm{d}x = \varepsilon. \qquad \square$$

缓增分布是一个线性映射

$$T : \mathcal{S} \to \mathbb{C},$$

② 原书下式中第一个不等号误写为等号.—— 译者注

使得对每一个 $\mathcal{S}$ 中收敛于 f 的序列 (f_k),

$$\lim_{k\to\infty} T(f_k) = T(f).$$

易知, 如 $g_j \in C_c^\infty(\mathbb{R})$, 并在 $C_c^\infty(\mathbb{R})$ 中收敛于 g, 那么对每一个缓增分布 T, $T(g_j) \to T(g)$. 因此, 对每一个缓增分布 T, 其限制 $T|_{C_c^\infty(\mathbb{R})}$ 是一个分布. 所有缓增分布组成的空间记为 $\mathcal{S}'$.

命题 4.3.2 限制

$$\mathcal{S}' \longrightarrow C_c^\infty(\mathbb{R})',$$

$$T \longmapsto T|_{C_c^\infty(\mathbb{R})}$$

是单射. 因此, 缓增分布空间可视为所有分布构成的空间的一个子空间.

证明 设 T 是满足 $T|_{C_c^\infty(\mathbb{R})} = 0$ 的一个缓增分布. 对 $f \in \mathcal{S}$, 需证明 $T(f) = 0$. 为此, 令 η 是从 $\mathbb{R}$ 到单位区间 $[0,1]$ 的光滑函数, 并满足当 $x \leqslant 0$ 时, $\eta(x) = 0$; 当 $x \geqslant 1$ 时 $\eta(x) = 1$. 对 $n \in \mathbb{N}$, 令

$$\chi_n(x) \stackrel{\text{def}}{=\!=} \eta(n+x)\eta(n-x).$$

则 χ_n 具有紧支集且对 $|x| \leqslant n-1$, $\chi_n(x) = 1$. 令 $f_n(x) = \chi_n(x)f(x)$, 那么 $f_n \in C_c^\infty(\mathbb{R})$, 且 f_n 在 $\mathcal{S}$ 中收敛于 f (见习题 6.6). 因此 $T(f) = \lim_n T(f_n) = 0$. □

令 ϕ 是 $\mathbb{R}$ 上的局部可积函数, 那么下面的引理表明, 在一个适当的限制下, 分布 I_ϕ 可延拓为一缓增分布.

引理 4.3.3 设 ϕ 是 $\mathbb{R}$ 上局部可积函数, 使得存在自然数 n, 有

$$\int_{-\infty}^{\infty} |\phi(x)| \frac{1}{1+x^{2n}} < \infty.$$

那么积分 $I_\phi(f) = \displaystyle\int_{-\infty}^{\infty} \phi(x)f(x)\mathrm{d}x$ 对每一个 $f \in \mathcal{S}$ 均收敛, 并 $f \mapsto I_\phi(f)$ 定义了一个缓增分布.

证明 积分的收敛性是清楚的, 因此, 余下只需说明它实际上定义了一个缓增分布. 令 $C = \displaystyle\int_{-\infty}^{\infty} |\phi(x)| \frac{1}{1+x^{2n}}\mathrm{d}x$, 不失一般性, 可设 $C > 0$. 设序列 (f_k) 在 $\mathcal{S}$ 中收敛于 f. 对 $\varepsilon > 0$, 存在 k_0, 使当 $k \geqslant k_0$ 时 $\sup_{x\in\mathbb{R}} |f_k(x) - f(x)| < \dfrac{\varepsilon}{C(1+x^{2n})}$. 这样, 对 $k \geqslant k_0$,

$$\begin{aligned}|I_\phi(f_k) - I_\phi(f)| &\leqslant \int_{-\infty}^{\infty} |\phi(x)||f_k(x) - f(x)|\mathrm{d}x \\ &< \frac{\varepsilon}{C}\int_{-\infty}^{\infty} \frac{|\phi|}{1+x^{2n}}\mathrm{d}x = \varepsilon.\end{aligned}$$

□

命题 4.3.4　从 $L^2_{bc}(\mathbb{R})$ 到 $\mathcal{S}'$ 的映射 $\phi \mapsto I_\phi$ 是单射并可延拓为一个 $L^2(\mathbb{R}) \hookrightarrow \mathcal{S}'$ 的自然嵌入.

证明　设 $\phi \in L^2_{bc}(\mathbb{R})$ 满足 $I_\phi = 0$. 对 $f \in \mathcal{S}$, 有 $0 = I_\phi(\bar{f}) = \langle \phi, f \rangle$, 其中 $\bar{f}(x) = \overline{f(x)}$ 是复共轭. 因 $\mathcal{S}$ 在 $L^2(\mathbb{R})$ 中稠密, 此蕴含了 $\phi = 0$ 并得到映射 $\phi \mapsto I_\phi$ 的单射性.

现设 $(\phi_n)_{n\in\mathbb{N}}$ 是 $L^2_{bc}(\mathbb{R})$ 中极限为 $\phi \in L^2(\mathbb{R})$ 的 Cauchy 列. 对 $f \in \mathcal{S}$, 由于 $\mathcal{S}$ 为 $L^2_{bc}(\mathbb{R})$ 的子集, 可记

$$I_{\phi_n}(f) = \int_{\mathbb{R}} \phi_n(x) f(x) \mathrm{d}x = \langle \phi_n, \bar{f} \rangle.$$

对 $m, n \in \mathbb{N}$,

$$|I_{\phi_n}(f) - I_{\phi_m}(f)| = |\langle \phi_n - \phi_m, \bar{f} \rangle| \leqslant \|\phi_n - \phi_m\|_2 \|f\|_2.$$

这样, $I_{\phi_n}(f)$ 为 Cauchy 列. 定义

$$I_\phi(f) \stackrel{\text{def}}{=\!=} \lim_{n\to\infty} I_{\phi_n}(f).$$

因对任意以 ϕ 为极限的序列都成立, 故上述定义不依赖于序列 ϕ_n 的选择. 最后说明所得的极限是个分布, 即满足连续性的要求. 设 (f_j) 在 $\mathcal{S}$ 中收敛于 f, 则有

$$\begin{aligned} |I_\phi(f_j) - I_\phi(f)| &= |I_\phi(f_j - f)| \\ &= \lim_n |I_{\phi_n}(f_j - f)| \\ &= \lim_n |\langle \phi_n, \overline{f_j - f} \rangle| \\ &\leqslant \left(\lim_n \|\phi_n\|_2\right) \|f_j - f\|_2 \\ &= \|\phi\|_2 \, \|f_j - f\|_2. \end{aligned}$$

由引理 4.3.1, 最后一项收敛于零. 因此当 $j \to \infty$ 时, $I_\phi(f_j)$ 收敛于 $I_\phi(f)$, 故 I_ϕ 确为一个缓增分布. □

4.4　Fourier 变换

对 $f \in \mathcal{S}$, 记 $\check{f}(x) = f(-x)$, 那么 Fourier 反演定理说明 $\hat{\hat{f}} = \check{f}$. 现对 $\phi, f \in \mathcal{S}$, 有

$$I_{\hat{\phi}}(f) = \langle \hat{\phi}, \bar{f} \rangle = \langle \hat{\hat{\phi}}, \hat{\bar{f}} \rangle = \langle \check{\phi}, \hat{\bar{f}} \rangle = \langle \phi, \hat{\bar{f}}^{\vee} \rangle.$$

而

$$\widehat{\overline{f}}(x) = \int_{-\infty}^{\infty} \overline{f(y)} \mathrm{e}^{-2\pi \mathrm{i} xy} \mathrm{d}y = \overline{\int_{-\infty}^{\infty} f(y) \mathrm{e}^{2\pi \mathrm{i} xy} \mathrm{d}y} = \overline{\hat{f}(-x)}.$$

由此得 $\widehat{\overline{\hat{f}}}^{\vee} = \overline{f}$. 从而

$$I_{\hat{\phi}}(f) = I_{\phi}(\hat{f}).$$

这样, 对所有缓增分布 T, 定义 T 的 Fourier 变换为

$$\hat{T}(f) \stackrel{\text{def}}{=\!=} T(\hat{f}).$$

例

- 令 $I(f) = \int_{-\infty}^{\infty} f(x) \mathrm{d}x$. 那么③

$$\hat{I}(f) = \int_{-\infty}^{\infty} \hat{f}(x) \mathrm{d}x = f(0).$$

因此得到 $\hat{I} = \delta$.

- 同样地, 可计算 δ 分布的 Fourier 变换

$$\hat{\delta}(f) = \delta(\hat{f}) = \hat{f}(0) = \int_{-\infty}^{\infty} f(x) \mathrm{d}x = I(f).$$

下面的引理对上述例子给出一般的结论.

引理 4.4.1 对每一个缓增分布 T 和每一个 $f \in \mathcal{S}$, 有

$$\hat{\hat{T}}(f) = T(\check{f}).$$

证明④ 有

$$\hat{\hat{T}}(f) = \hat{T}(\hat{f}) = T(\hat{\hat{f}}) = T(\check{f}).$$ □

称一个光滑函数 f 是缓增的, 如对每一个 $k \geqslant 0$, 存在 $l \in \mathbb{N}$, 使得

$$\sup_{x \in \mathbb{R}} \frac{|f^{(k)}(x)|}{1 + x^{2l}} < \infty.$$

换句话说, 这意味着 f 的各阶导数至多是多项式增长的.

引理 4.4.2 设 f 是缓增的, 且 $g \in \mathcal{S}$, 那么点态积 fg 仍在 $\mathcal{S}$ 中. 如序列 (g_j) 在 $\mathcal{S}$ 中收敛到 g, 那么 fg_j 收敛于 fg.

---

③ 原书下式中多出了 $\int_{-\infty}^{\infty} \hat{f}(x) \mathrm{d}x$ 一项.—— 译者注

④ 原书此处证明较繁且有印刷错误, 现换为此证明.—— 译者注

证明 令 $m,n\geqslant 0$. 那么存在与 f,n 相关的 $C>0$ 及 $M\in\mathbb{N}$, 使

$$\begin{aligned}|x^m(fg)^n(x)| &= \left|x^m\sum_{k=0}^{n}\binom{n}{k}f^{(k)}(x)g^{(n-k)}(x)\right|\\ &\leqslant |x|^m\sum_{k=0}^{n}\binom{n}{k}|f^{(k)}(x)||g^{(n-k)}(x)|\\ &\leqslant C|x|^m(1+x^{2M})\sum_{k=0}^{n}\binom{n}{k}|g^{(n-k)}(x)|.\end{aligned}$$

因此⑤

$$\sigma_{m,n}(fg)\leqslant C\sum_{k=0}^{n}\binom{n}{k}(\sigma_{m,n-k}(g)+\sigma_{m+2M,n-k}(g)).$$

由此得出 $fg\in\mathcal{S}$. 现设序列 (g_j) 在 $\mathcal{S}$ 中收敛于 g. 对 $m,n\geqslant 0$ 及 $\varepsilon>0$, 存在 $j_0\in\mathbb{N}$, 使得当 $j\geqslant j_0$ 时⑥,

$$C\sum_{k=0}^{n}\binom{n}{k}(\sigma_{m,n-k}(g_j-g)+\sigma_{m+2M,n-k}(g_j-g))<\varepsilon.$$

此蕴含了对 $j\geqslant j_0$,

$$\sigma_{m,n}(fg_j-fg)<\varepsilon. \qquad \square$$

对一个缓增函数 f 和一个缓增分布 T, 可定义它们的乘积 fT 为

$$fT(g)\overset{\text{def}}{=\!=}T(fg),\quad g\in\mathcal{S}.$$

定理 4.4.3 令 T 为缓增分布.

(a) 如果 $S(x)=-2\pi \mathrm{i}xT(x)$, 那么 $(\hat{T})'=\hat{S}$;

(b) $\widehat{(T')}(y)=2\pi \mathrm{i}y\hat{T}(y)$.

证明 记 $S(x)=-2\pi \mathrm{i}xT(x)$, 那么对 $f\in\mathcal{S}$,

$$\begin{aligned}(\hat{T})'(f) &= -\hat{T}(f')=-T(\widehat{f'})\\ &= -T(2\pi \mathrm{i}y\hat{f})\\ &= S(\hat{f})=\hat{S}(f).\end{aligned}$$

---

⑤ 原书下式右边误写为 $\sigma_{m,n-k}(g)-\sigma_{m+2M,n-k(g)}$.—— 译者注

⑥ 原书下式左边误写为 $\sigma_{m,n-k}(g;-g)-\sigma_{m+2M,n-k}(g;-g)$.—— 译者注

关于第二部分, 有[⑦]

$$\begin{aligned}\widehat{T'}(f) &= T'(\hat{f}) = -T((\hat{f})') \\ &= T(\widehat{2\pi i x f(x)}) = \hat{T}(2\pi i x f(x)) \\ &= 2\pi i y \hat{T}(f).\end{aligned}$$

□

4.5 习　　题

习题 4.1　证明: $L^2_{bc}(\mathbb{R})$ 的 Hilbert 空间完备化 $L^2(\mathbb{R})$ 也是具紧支集的无穷次可微函数空间 $C_c^\infty(\mathbb{R})$ 的 Hilbert 空间的完备化.

习题 4.2　设 T 为缓增分布且令 $S(x) = \mathrm{e}^{2\pi i a x}T(x)\,(a \in \mathbb{R})$. 证明: $\hat{S}(y) = T(y-a)$.

习题 4.3　设 T 为缓增分布且令[⑧] $S(x) = T(x-a)$. 证明: $\hat{S}(y) = \mathrm{e}^{-2\pi i a y}T(y)$.

习题 4.4　证明: $C_c^\infty(\mathbb{R})$ 在 $\mathcal{S}$ 中稠密. 具体地说, 证明: 对每一个 $f \in \mathcal{S}$, 由命题 4.3.2 中定义的序列 $f_n = \chi_n f$ 在 $\mathcal{S}$ 中收敛于 f.

习题 4.5　对 $f \in \mathcal{S}$, 令

$$T(f) \stackrel{\text{def}}{=\!=} \sum_{k\in\mathbb{Z}} f(k).$$

证明: T 为一个缓增分布并且 $\hat{T} = T$.

习题 4.6　称一个分布 T 是具有紧支撑的, 如存在一个有界区间 I, 使对每一个在 I 上为零的函数 g, 都有 $T(g) = 0$. 取 $\psi \in C_c^\infty(\mathbb{R})$ 使在 I 上 $\psi \equiv 1$.

(a) 证明: 线性映射

$$\begin{aligned} C^\infty(\mathbb{R}) &\longrightarrow \mathbb{C}, \\ f &\longmapsto T(\psi f)\end{aligned}$$

并不依赖 I 和 ψ 的选取. 此线性映射也称为 T.

(b) 设 T 为一个具紧支撑的分布. 证明: T 的 Fourier 变换是一个函数. 具体地说, $\hat{T}(x) = T_y(\mathrm{e}^{-2\pi i x y})$, 其中记号 T_y 表明 T 被作用于一个变量 y 的函数.

---

⑦ 原书下式中第二个等号右边误写为 $-T(\hat{f}')$.—— 译者注

⑧ 原书右式中的等号误为减号.—— 译者注

第二部分

LCA 群

第 5 章　有限 Abel 群

本章将呈现可应用于最简单情形的有关有限 Abel 群的完全理论. 理解对偶性和 Plancherel 定理并不需要解析工具, 而只需少量的群论知识.

5.1　对　偶　群

设 A 是一个有限 Abel 群. 群 A 称为循环的, 若它由单个元素所生成, 即存在 $\tau \in A$, 称为 A 的生成元, 使得 $A = \{1, \tau, \tau^2, \cdots, \tau^{N-1}\}$, 这里 $N = |A|$ 是集合 A 的基数. 我们将运用如下结果.

定理 5.1.1 (关于有限 Abel 群的主要定理)　任何有限 Abel 群 A 都同构于循环群积 $A_1 \times A_2 \times \cdots \times A_k$.

证明　见文献 [17] 中定理 10.1. □

设 A 是一个有限 Abel 群. A 的特征 χ 指的是一个从 A 到单位圆周 $\mathbb{T}$ 的群同态 $\chi : A \to \mathbb{T}$, 因此 χ 是满足: 对一切 $a, b \in A$,

$$\chi(ab) = \chi(a)\chi(b)$$

的映射. 记 $\hat{A}$ 为 A 的一切特征组成的集合.

引理 5.1.2　$\hat{A}$ 关于满足下式

$$\chi\eta(a) = \chi(a)\eta(a)$$

的点态积 $(\chi, \eta) \mapsto \chi\eta$ 是 Abel 群. 称 $\hat{A}$ 为 A 的对偶群 或 A 的 Pontryagin 对偶.

证明　必须说明, 当 χ 和 η 均为特征时, $\chi\eta$ 也是一个特征. 为此, 令 $a, b \in A$, 那么

$$\begin{aligned}\chi\eta(ab) &= \chi(ab)\eta(ab) = \chi(a)\chi(b)\eta(a)\eta(b)\\ &= \chi(a)\eta(a)\chi(b)\eta(b) = \chi\eta(a)\chi\eta(b).\end{aligned}$$

同样可以说明, 当 χ 是特征时, χ^{-1} 也是一个特征, 这里 $\chi^{-1}(a) = \chi(a)^{-1}$. 这样就证明了 $\hat{A}$ 是从 A 到 $\mathbb{T}$ 的所有映射的群的一个子群. □

引理 5.1.3　设 A 是一个 N 阶的循环群. 固定 A 的生成元 τ, 即 $A = \{1, \tau, \tau^2, \cdots, \tau^{N-1}\}$ 并且 $\tau^N = 1$. 那么群 A 的特征由

$$\eta_l(\tau^k) = \mathrm{e}^{2\pi \mathrm{i} kl/N}, \quad k \in \mathbb{Z} \text{ 且 } l = 0, 1, \cdots, N-1$$

给出. 群 $\hat{A}$ 仍是一个 N 阶循环群.

证明　设 η 是 A 的一个特征. 那么 $\eta(\tau)$ 是 $\mathbb{T}$ 的某个元 t, 满足 $t^N = \eta(\tau^N) = 1$. 因此存在唯一的 $l \in \{0, 1, \cdots, N-1\}$, 使得

$$\eta(\tau) = \mathrm{e}^{2\pi \mathrm{i} l/N}.$$

对每一个 $k \in \mathbb{Z}$, 有

$$\eta(\tau^k) = \eta(\tau)^k = \mathrm{e}^{2\pi \mathrm{i} kl/N}.$$

这表明每一个特征都形如 η_l $(l \in \{0, 1, \cdots, N-1\})$. 易知当 $l \neq l'$ 时, $\eta_l \neq \eta_{l'}$. 引理得证. □

我们已推出每个有限循环群 A 的对偶 $\hat{A}$ 也是具有相同阶数的循环群, 此蕴含了这两个群必定是同构的. 当人们更深入探讨时, 可得到一个典型的同构, 即考虑双对偶也就是对偶的对偶.

定理 5.1.4　设 A 是有限 Abel 群. 存在一个 A 到其双对偶 $\hat{\hat{A}}$ 的典型同构 $a \mapsto \delta_a$. 这里 δ_a 是在 a 处的点值, 即

$$\begin{aligned} \delta_a : \hat{A} &\longrightarrow \mathbb{T}, \\ \chi &\longmapsto \chi(a). \end{aligned}$$

证明　因为

$$\delta_{ab}(\chi) = \chi(ab) = \chi(a)\chi(b) = \delta_a(\chi)\delta_b(\chi),$$

故映射 $a \mapsto \delta_a$ 是一个同态.

此外, 下面的引理表明这个映射是单射.

引理 5.1.5　设 A 是有限 Abel 群并且 $a \in A$. 设对每一个 $\chi \in \hat{A}$ 都有 $\chi(a) = 1$. 则 $a = 1$.

证明　引理 5.1.3 说明此结论对循环群成立. 依据有关有限 Abel 群的主要定理 (即定理 5.1.1)[①], 只需说明若结论对群 A 和群 B 成立, 则对 $A \times B$ 也成立. 为此, 设 $(a_0, b_0) \in A \times B$ 满足对一切 $\eta \in \widehat{A \times B}$, $\eta(a_0, b_0) = 1$. 对每一个 $\chi \in \hat{A}$, 映射 $\chi(a, b) = \chi(a)$ 是 $A \times B$ 的一个特征, 因而 $\chi(a_0) = 1$. 由此知 $a_0 = 1$. 类似地, $b_0 = 1$, 引理得证. □

此引理蕴含了映射 $a \mapsto \delta_a$ 是从 A 到 $\hat{\hat{A}}$ 的单射. 因为基数 $|A|$ 与其对偶的基数 $|\hat{A}|$ 相等 (见习题 5.2), 重复上述结论知, 双对偶的基数也与此相同. 这样得到定理的结论. □

---

① 括号中的说明由译者所加.—— 译者注

5.2 Fourier 变换

设 A 为有限 Abel 群. Hilbert 空间 $\ell^2(A)$ 恰好与 A 到 $\mathbb{C}$ 的映射的全体 $\mathbb{C}^A$ 一致. 特别地, 特征 $\chi: A \to \mathbb{T} \subset \mathbb{C}$ 是 $\ell^2(A)$ 中的元.

引理 5.2.1 设 χ, η 是 A 的特征. 那么

$$\langle \chi, \eta \rangle = \begin{cases} |A|, & 若\ \chi = \eta, \\ 0, & 其他. \end{cases}$$

证明 首先考虑 $\chi = \eta$ 的情况. 此时

$$\langle \chi, \eta \rangle = \sum_{a \in A} \chi(a)\overline{\eta(a)} = \sum_{a \in A} |\chi(a)|^2 = \sum_{a \in A} 1 = |A|.$$

现设 $\chi \neq \eta$. 那么特征 $\alpha = \chi\eta^{-1}$ 不同于 1 且

$$\langle \chi, \eta \rangle = \sum_{a \in A} \chi(a)\eta(a)^{-1} = \sum_{a \in A} \alpha(a).$$

令 $b \in A$ 满足 $\alpha(b) \neq 1$, 则

$$\langle \chi, \eta \rangle \alpha(b) = \sum_{a \in A} \alpha(a)\alpha(b) = \sum_{a \in A} \alpha(ab).$$

用 ab^{-1} 替代上面和式中 a, 并令 a 遍取群中所有元. 有

$$\sum_{a \in A} \alpha(ab) = \sum_{a \in A} \alpha(a) = \langle \chi, \eta \rangle.$$

这样 $(\alpha(b) - 1)\langle \chi, \eta \rangle = 0$, 由此得到 $\langle \chi, \eta \rangle = 0$. □

对于 $f \in \ell^2(A)$, 定义其 Fourier 变换 $\hat{f}: \hat{A} \to \mathbb{C}$ 为

$$\hat{f}(\chi) = \frac{1}{\sqrt{|A|}}\langle f, \chi \rangle = \frac{1}{\sqrt{|A|}} \sum_{a \in A} f(a)\overline{\chi(a)}.$$

这里规范因子 $1/\sqrt{|A|}$ 需要解释, 特别地, 因为在 $\mathbb{R}$ 上的 Fourier 变换中并没有显示出这样的因子. 这里需要这个因子是因为 $\ell^2(A)$ 和 $\ell^2(\hat{A})$ 上内积的规范化. 而 $\mathbb{R}$ 上 Fourier 变换的情况中没有这样的因子出现, 是因为用 $e^{2\pi ixy}$ 代替 e^{ixy} 作为 $\mathbb{R}$ 的特征, 并将规范因子纳入对偶群上的内积中. 如没有作此规范化, 那么 $\mathbb{R}$ 上的 Fourier 变换将有一个规范因子 $1/\sqrt{2\pi}$.

定理 5.2.2 映射 $f \mapsto \hat{f}$ 是 Hilbert 空间 $\ell^2(A) \to \ell^2(\hat{A})$ 的一个同构. 它也可应用于群 $\hat{A}$, 并且两个 Fourier 变换的组合给出映射 $f \mapsto \hat{\hat{f}}$. 对后者有

$$\hat{\hat{f}}(\delta_a) = f(a^{-1}).$$

证明 设 $f, g \in \ell^2(A)$. 需证明 $\langle \hat{f}, \hat{g} \rangle = \langle f, g \rangle$, 这里内积分别在 $\hat{A}$ 和 A 上. 为此, 有

$$\begin{aligned}
\langle \hat{f}, \hat{g} \rangle &= \sum_{\chi \in \hat{A}} \hat{f}(\chi)\overline{\hat{g}(\chi)} \\
&= \frac{1}{|A|} \sum_{\chi \in \hat{A}} \sum_{a \in A} \sum_{b \in A} f(a)\overline{g(b)\chi(a)}\chi(b) \\
&= \frac{1}{|A|} \sum_{a,b \in A} f(a)\overline{g(b)} \sum_{\chi \in \hat{A}} \overline{\delta_a(\chi)}\delta_b(\chi) \\
&= \frac{1}{|A|} \sum_{a,b \in A} f(a)\overline{g(b)} \langle \delta_b, \delta_a \rangle \\
&= \sum_{a \in A} f(a)\overline{g(a)} \\
&= \langle f, g \rangle,
\end{aligned}$$

其中对群 $\hat{A}$ 应用了引理 5.2.1. 然后有

$$\begin{aligned}
\hat{\hat{f}}(\delta_a) &= \frac{1}{\sqrt{|A|}} \sum_{\chi \in \hat{A}} \hat{f}(\chi)\overline{\delta_a(\chi)} \\
&= \frac{1}{|A|} \sum_{\chi \in \hat{A}} \sum_{b \in A} f(b)\overline{\chi(b)\chi(a)} \\
&= \frac{1}{|A|} \sum_{\chi \in \hat{A}} \sum_{b \in A} f(b^{-1})\chi(b)\overline{\chi(a)} \\
&= \frac{1}{|A|} \sum_{b \in A} f(b^{-1})\langle \delta_b, \delta_a \rangle \\
&= f(a^{-1}).
\end{aligned}$$

□

5.3 卷 积

对于有限 Abel 群的函数亦可定义卷积, 它与直线上的卷积类似. 设 $f, g \in \ell^2(A)$, 那么它们的卷积定义如下:

$$f * g(a) = \frac{1}{\sqrt{|A|}} \sum_{b \in A} f(b)g(b^{-1}a).$$

定理 5.3.1 对于 $f, g \in \ell^2(A)$, 有

$$\widehat{f * g} = \hat{f}\hat{g},$$

上面等式的右边理解为点态积.

特别地, 由此可得, 卷积满足结合律、分配律和交换律, 即对所有 $f, g, h \in \ell^2(A)$, 有

$$(f*g)*h = f*(g*h), \quad f*(g+h) = f*g + f*h, \quad f*g = g*f.$$

证明　有

$$\widehat{f*g}(\chi) = \frac{1}{\sqrt{|A|}} \sum_{b\in A} f*g(b)\overline{\chi(b)} = \frac{1}{|A|} \sum_{a\in A}\sum_{b\in A} f(a)g(a^{-1}b)\overline{\chi(b)}.$$

用 ab 替代 b 得到

$$\widehat{f*g}(\chi) = \frac{1}{|A|} \sum_{a\in A} f(a)\overline{\chi(a)} \sum_{b\in A} g(b)\overline{\chi(b)} = \hat{f}(\chi)\hat{g}(\chi).$$ □

5.4 习　　题

习题 5.1　设 A 为有限 Abel 群. 证明: 特征 χ 的 Fourier 变换等于

$$\hat{\chi}(\eta) = \begin{cases} \sqrt{|A|}, & 若\ \eta = \chi, \\ 0, & 其他. \end{cases}$$

习题 5.2　证明: 对有限 Abel 群 A 和 B, $\widehat{A\times B}$ 同构于 $\hat{A}\times\hat{B}$. 由此得出, 对每一个有限 Abel 群 A, $|A| = |\hat{A}|$.

习题 5.3　设 A, b 均为有限 Abel 群. $\psi: A \to B$ 是群同态. 证明:

$$\psi^*(\chi) = \chi\circ\psi$$

定义了一个群同态 $\psi^*: \hat{B} \to \hat{A}$.

习题 5.4　令 A 是一个有限 Abel 群, B 是一个子群. 特征的限制给出了一个同态限制: $\hat{A} \to \hat{B}$, $\chi \mapsto \chi|_B$. 证明: 此限制的核同构于商群 A/B 的对偶群 $\widehat{A/B}$. 并由此推出此限制是满射.

习题 5.5　给出一个有限 Abel 群 A 和子群 B 的例子, 使得不存在群 C 满足 $A \cong B\times C$.

习题 5.6　设 $1 \to A \to B \to C \to 1$ 是有限 Abel 群的正合序列. 应用习题 5.3 和习题 5.4 证明: 它导出正合序列

$$1 \to \hat{C} \to \hat{B} \to \hat{A} \to 1.$$

习题 5.7　设 $\chi_1, \chi_2, \cdots, \chi_n$ 是有限 Abel 群 A 的不同的特征. 证明: $\chi_1, \chi_2, \cdots, \chi_n$ 在所有从 A 到 $\mathbb{C}$ 的映射组成的复向量空间中是线性无关的.

第 6 章　LCA 群

在这一章我们打算陈述抽象调和分析的基本术语. 6.1 节给出了所需的一些拓扑知识.

6.1　度量空间和拓扑

为方便读者, 我们将简单地回顾度量的基本性质及连续性和拓扑的概念.

设 X 是一个集合. X 上的度量指的是一个映射

$$d : X \times X \to [0, \infty)$$

满足

- d 是正定的, 即对一切 $x, y \in X$,

$$d(x, y) = 0 \Leftrightarrow x = y;$$

- d 是对称的, 即对一切 $x, y \in X$,

$$d(x, y) = d(y, x);$$

- d 满足三角不等式, 即对一切 $x, y, z \in X$,

$$d(x, y) \leqslant d(x, z) + d(z, y).$$

集合 X 连同度量 d 称为度量空间.

例

- $X = \mathbb{R}$ 连同 $d(x, y) = |x - y|$ 是一个度量空间;
- 设 $X = H$ 是一个 Hilbert 空间, 那么 $d(x, y) = \|x - y\|$ 给出了 X 上的一个度量 (见习题 6.1);
- 令 $X = \mathbb{R}/\mathbb{Z}$, 那么 $d(x, y) = |\mathrm{e}^{2\pi \mathrm{i} x} - \mathrm{e}^{2\pi \mathrm{i} y}|$ 定义了 X 上的一个度量;
- 在任一集合 X 上, 可建立下面的离散度量:

$$d(x, y) = \begin{cases} 0, & 若\ x = y, \\ 1, & x \neq y. \end{cases}$$

引理 6.1.1 对于度量空间 X 上任意三点 x, y, z, 有

$$|d(x,y) - d(y,z)| \leqslant d(y,z).$$

证明 因为 $d(x,y) \leqslant d(x,z) + d(y,z)$, 故 $d(x,y) - d(x,z) \leqslant d(y,z)$. 交换 y, z 的角色得 $d(x,z) - d(x,y) \leqslant d(y,z)$. 引理得证. □

对一个度量 d, $d(x,y)$ 的几何意义是 x 和 y 之间的距离. 设 (X,d) 是一个度量空间, 说 X 中的点列 (x_n) 收敛于 $x \in X$, 如果距离数列 $d(x_n, x)$ 趋向于零. 换句话说, x_n 趋于 x 指的是, 如对任意 $\varepsilon > 0$, 存在自然数 n_0, 使得对所有的 $n \geqslant n_0$,

$$d(x_n, x) < \varepsilon.$$

如果 x_n 趋向于 x, 那么 x 由 x_n 唯一确定 (习题 6.2), 因此可写

$$\lim_{n\to\infty} x_n = x.$$

每当使用记号 $\lim_{n\to\infty} x_n$ 时, 它表明其极限存在, 即点列 (x_n) 实际上收敛.

设 X, Y 是度量空间, 映射 $f : X \to Y$ 称为连续的, 如 f 将收敛点列映射为收敛点列, 并且极限的象为点列象的极限, 即对于 X 中每一个收敛的点列 (x_n), 有

$$\lim_{n\to\infty} f(x_n) = f\big(\lim_{n\to\infty} x_n\big).$$

对于函数 $f : \mathbb{R} \to \mathbb{R}$, 此概念与分析中连续的概念一致.

例

- 如果 X 是离散的, 那么每一个映射 $f : X \to Y$ 是连续的 (习题 6.4);
- 自然投影 $\mathbb{R} \to \mathbb{R}/\mathbb{Z}$ 是连续的.

设 X 是一个集合, 称 X 上的两个度量 d_1 和 d_2 是等价的, 若它们确定了收敛点列的相同集合, 即 $d_1 \sim d_2$, 如对所有点列 (x_n),

$$(x_n) \text{ 依 } d_1 \text{ 收敛} \iff (x_n) \text{ 依 } d_2 \text{ 收敛}.$$

下面的命题描述了上述情况的一个实例.

命题 6.1.2 设 (X,d) 是一个度量空间. $f : X \to X$ 是一个同胚, 即 f 是连续的双射, 且它的逆 f^{-1} 也是连续的. 那么度量

$$d'(x,y) = d(f(x), f(y))$$

与 d 等价.

证明 d' 是一个度量的证明留给读者 (习题 6.6). 现假定 x_n 是一个依度量 d 收敛的点列, 那么由 f 的连续性, $f(x_n)$ 依 d 收敛, 这表明 x_n 依 d' 收敛. 相反的方向可类似得出, 因为 f^{-1} 是连续的. □

例

- 度量

$$d(x,y)=|x^3-y^3|$$

是等价于 $\mathbb{R}$ 上的标准度量①；

- $\mathbb{R}$ 上的离散度量与 $\mathbb{R}$ 上的标准度量不等价 (见习题 6.9).

设 (X,d) 是一个度量空间, (X,d) 的直径定义为

$$\mathrm{diam}(X)\xlongequal{\text{def}}\sup_{x,y\in X}d(x,y).$$

直径可以是非负实数或无穷大. 下面的引理表明, 每一个度量都等价于一个有限直径.

引理 6.1.3 设 X 是一个集合, 对于 X 上任一度量 d, 都等价于一个存在取值在 $[0,1]$ 中的度量 d'.

证明 设 d 为 X 上的度量. 我们断言

$$d'(x,y)=\frac{d(x,y)}{d(x,y)+1}$$

是一个等价度量. 首先说明 d' 是一个度量. 映射 $f(x)=\dfrac{x}{x+1}$ 是一个从 $[0,\infty)$ 到 $[0,1]$ 的单调的同胚. 因为 $f(x)=0$ 等价于 $x=0$, 所以 d' 的正定性是很清楚的. 为说明三角不等式成立, 设 $a,b,c\geqslant 0$ 满足 $a\leqslant b+c$. 我们需说明 $f(a)\leqslant f(b)+f(c)$. 如果 $a\leqslant b$, 那么 $f(a)\leqslant f(b)\leqslant f(b)+f(c)$. 如果 $a\leqslant c$, 那么相同的结论成立. 现假设 $a\geqslant b,c$, 那么 $a\leqslant b+c$ 蕴含了

$$\frac{a}{a+1}\leqslant\frac{b}{a+1}+\frac{c}{a+1}\leqslant\frac{b}{b+1}+\frac{c}{c+1}.$$

因为 f 是同胚, 故 $[0,\infty)$ 中的点列 a_n 收敛于零当且仅当 $f(a_n)$ 收敛于零. 这蕴含了 d 和 d' 是等价的. □

一个集合 X 连同度量的等价类 $[d]$ 称为可度量化空间或可度量化的拓扑空间.

设 $(X,[d])$ 是一个可度量化空间, X 的子集 D 称为 X 的稠密子集, 若对任意 $x\in X$, 存在点列 $y_n\in D$ 使 y_n 收敛于 x. 一个标准的例子是 $\mathbb{R}$ 的稠密子集 $\mathbb{Q}$, 因为每一个实数可被有理数逼近. 如果此稠密子集是可数的, 可选取 D 中一个点列 y_n, 使得对每一 $x\in X$, 都存在 y_n 的子列收敛于 x. 这样的点列称之为稠密点列.

引理 6.1.4 设 X 和 Y 是可度量化空间, f,g 是从 X 到 Y 的连续映射. 如 f 和 g 在稠密子集 D 上相同, 那么它们是相等.

① 标准度量指 $d(x,y)=|x-y|$.—— 译者注

证明 令 $x \in X$, 那么存在 D 中以 x 为极限的点列 d_n. 因此, 由 f 和 g 的连续性,

$$f(x) = f(\lim_n d_n) = \lim_n f(d_n) = \lim_n g(d_n) = g(\lim_n d_n) = g(x). \qquad \square$$

可度量化空间的概念对于本书的目标是完全足够了. 但为方便可能查阅其他原始资料的读者, 我们给出这个概念和更一般拓扑空间概念间的联系.

设 (X, d) 是一个度量空间, 子集 $U \subset X$ 称为开的, 若对每一点 $u \in U$, 存在正实数 $r > 0$, 使得环绕 u 且半径为 r 的开球

$$B_r(u) = B_r^d(u) = \{x \in X |\, d(x, u) < r\}$$

被完全包含在 U 中. 三角不等式确保每一个开球 $B_r(u)$ 自身是一个开集, 因此一个开集是开球族的并.

令 $\mathcal{O}$ 是 X 中的所有开集组成的集合, 因此 $\mathcal{O}$ 是幂集 $\mathcal{P}(X)$ 的子集. 下面的性质是显然的:

(a) $\varnothing, X \in \mathcal{O}$;

(b) $U, V \in \mathcal{O} \Longrightarrow U \cap V \in \mathcal{O}$;

(c) 如 $U_j \in \mathcal{O}$ $(j \in J)$, 那么并集 $\bigcup_{j \in J} U_j$ 也在 $\mathcal{O}$ 中.

$\mathcal{P}(X)$ 中满足性质 (a),(b),(c) 的子集 $\mathcal{O}$ 称为 X 上的拓扑. 我们看到一个度量 d 定义了 X 上的一个拓扑.

引理 6.1.5 集合 X 上的两个度量 d_1 和 d_2 是等价的当且仅当它们定义了 X 上相同的拓扑.

证明 设 d_1 与 d_2 等价. 我们需说明它们定义了 X 上相同的拓扑. 设 $U \subset X$ 是关于 d_1 的开集, 且设 $u \in U$.

假设不存在 $r > 0$, 使得半径 r 的d_2 球被包含在 U 中. 那么对任意 $n \in \mathcal{N}$, 存在 $x_n \in X \backslash U$, 使得 $d_2(x_n, u) < \dfrac{1}{n}$, 这表明序列 x_n 依 d_2 收敛于 u. 因 $d_1 \sim d_2$, 故 x_n 也依 d_1 收敛于 u. 而 U 关于 d_1 是开的, 故存在 $r > 0$ 使得对每一个满足 $d_1(x, u) < r$ 的 $x \in X \Rightarrow x \in U$. 因 x_n 按 d_1 收敛于 u, 存在 $n \in \mathcal{N}$, 使 $d_1(x_n, u) < r$, 由此得出 $x_n \in U$. 矛盾.

因此, U 包含了某个环绕 u 的 d_2 开球, 而又由 u 的任意性知 U 关于 d_2 是开集. 由明显的对称性知, 当交换 d_1, d_2 的角色时, 类似的结论仍成立. 这样, 当 $d_1 \sim d_2$ 时, 由此导出的拓扑是相同的.

反之, 设 d_1, d_2 定义了相同的开集. 令 x_n 是按 d_1 收敛于 x 的序列. 这样, 对每一个 $r > 0$, 存在 n_0, 使得当 $n \geqslant n_0$ 有 $x_n \in B_r^{d_1}(x)$. 这样, 对每一个包含了 x 的开集 U, 存在 n_0, 使得当 $n \geqslant n_0$ 时, $x_n \in U$. 任意半径 $r > 0$ 的 d_2 球是开的. 因此

对每一个 $r>0$ 存在 n_0, 使对 $n\geqslant n_0$ 有 $x_n\in B_r^{d_2}(x)$, 这蕴含了 x_n 依 d_2 收敛于 x. 由 d_2 收敛性推出, d_1 收敛性可由上述结论的对称性得到. □

一个集合 X 连同拓扑 $\mathcal{O}$ 称为拓扑空间, 拓扑 $\mathcal{O}$ 中的子集 $U\subset X$ 称为开集. 称空间 $(X,\mathcal{O})$ 是可度量化的, 如存在一个 X 上确定 $\mathcal{O}$ 的度量 d. 因此可度量化空间或是带有一类度量的集合, 或是由一个由某度量导出的拓扑[②].

设 X 是一个拓扑空间且 x 是 X 中的点. x 的开邻域是指包含 x 的开集 $U\subset X$. x 的邻域是包含 x 的开邻域的集 $U\subset X$.

例 开区间 $(-1,1)$ 是 $\mathbb{R}$ 中零点的开邻域. 区间 $[-1,1)$, $(-1,1]$ 及 $[-1,1]$ 是 $\mathbb{R}$ 中零点的邻域.

拓扑空间中的子集 $A\subset X$ 称为闭集, 如它的余集 $X\backslash A$ 是开的.

引理 6.1.6 可度量化空间 X 的子集 A 是闭的当且仅当 A 中每一个点列 a_n 在 X 中收敛, 其极限也在 A 中.

证明 设 A 在 X 中闭, a_n 是 A 中收敛的点列. 假设点列的极限 x 不在 A 中, 那么它在开集 $U=X\backslash A$ 中. 这样, 除去有限项之外, a_n 必须在开集 U 中. 此矛盾表明, 必有 $x\in A$.

反过来, 设 $A\subset X$ 且 A 中任意在 X 中收敛的点列也在 A 中收敛. 记 $B=X\backslash A$ 是 A 的余集. 需证明 B 是开集. 令 $b\in B$, 并假定不存在球 $B_r(b)$ 被 B 完全包含, 那么对任意 $n\in\mathbb{N}$, 存在 $x_n\in A=X\backslash B$ 使得 $x_n\in B_{\frac{1}{n}}(b)$. 这蕴含了点列 x_n 收敛于 b, 从而 b 必须在 A 中. 此与 $b\in B$ 矛盾. 因此 B 必然包含了环绕 b 的某个开球. 由 b 的任意性知 B 为开集, 故 A 为闭集. □

设 $A\subset X$ 是可度量化空间 X 的任一子集. A 的闭包 $\bar{A}$ 定义为所有在 X 中收敛的 A 中点列的极限. 由此知 $\bar{A}$ 是包含 A 的最小的闭子集 (见习题 6.17).

例 $\mathbb{R}$ 中区间 $(0,1)$ 的闭包是区间 $[0,1]$. 集合 $\mathbb{Q}$ 在 $\mathbb{R}$ 中的闭包是 $\mathbb{R}$.

当 $A\subset X$ 为可度量化空间的任一子集时, 那么 X 上每一度量可限制为 A 上的度量, 因此 A 自然成为一个可度量化空间. 这样, 涉及可度量化空间的所有概念均可应用到任一子集上.

一个可度量化空间 $(X,[d])$ 称为紧的, 如果 X 中任一点列 x_n 都有收敛的子列[③].

例 设 $a<b$ 是实数, 那么区间 $[a,b]$ 是紧的, 因为由分析学知道, 此区间中每一个点列都有收敛的子列, 更一般地, $\mathbb{R}^n$ 中有界闭子集是紧的 (习题 6.11). 离散空间是紧的当且仅当它是有限的 (见习题 6.10).

---

② 有许多拓扑空间是不可度量化的. 此处仅给一例: 设 X 是一个无限集, 令 $\mathcal{O}$ 是 X 的子集 U 的集合, 其中, 或者 $U=\varnothing$, 或者其余集 $X\backslash U$ 是有限的. 那么 $\mathcal{O}$ 就是一个不能由度量导出的拓扑.—— 作者注

③ 对于一般的拓扑空间, 紧性有着不同的概念, 它将在习题 6.18 中讨论.—— 作者注

引理 6.1.7 紧集的连续象是紧集. 换句话说, 如果 X 和 Y 是紧的可度量化空间且映射 $f: X \to Y$ 是连续的, 那么象 $f(X)$ 是 Y 中的紧子集.

证明 设 y_n 是 $f(X)$ 中的点列, 对每一个 n, 选 y_n 在 X 中的原象 x_n, 即 $f(x_n) = y_n$. 那么 x_n 有一个收敛的子列 x_{n_k}. 因为 f 连续, 故 $y_{n_k} = f(x_{n_k})$ 是 y_n 的收敛的子列. □

一个可度量化空间 X 称为 σ 紧的, 如存在紧子集列 $K_n \subset K_{n+1}$ 使得 $X = \bigcup_n K_n$. 这样的集合列称为 X 的紧穷举④.

例

- 实直线是 σ 紧的, 因为 $\mathbb{R}$ 是紧区间 $[-n, n](n \in \mathbb{N})$ 的并;
- 设 X 是一个可数的离散空间, 那么 X 是 σ 紧的, 因为存在有限集列 $K_n \subset K_{n+1}$, 使得 $X = \bigcup_n K_n$.

最后, 一个可度量化空间 X 称为局部紧的, 如每一个点 $x \in X$ 都有一个紧邻域. 这可表达如下: 称 X 是局部紧的, 若给定 X 的一个度量, 对每一点 $x \in X$, 存在 $r > 0$ 使得闭球

$$\bar{B}_r(x) = \{y \in X | d(x, y) \leqslant r\}$$

是紧的. $\mathbb{R}^n$ 和离散空间均是局部紧的例子. 而无穷维 Hilbert 空间则不是局部紧的 (见习题 6.21).

一个既是局部紧的又是 σ 紧的空间, 称为 σ 局部紧的.

例 空间 $\mathbb{R}$ 和 $\mathbb{R}/\mathbb{Z}$ 都是 σ 局部紧的. 任何可数的离散空间也是 σ 局部紧的.

6.2 完 备 化

在这一节我们将看到一般的度量空间能够以相同的方式完备成一个可分的准 Hilbert 空间. 作为一个推论, 所有的准 Hilbert 空间都能被完备.

度量空间 (X, d) 中的 Cauchy 列是一个点列 $(x_n)_{n \in \mathbb{N}}$, 使得对每个 $\varepsilon > 0$, 存在 $n_0 \in \mathbb{N}$, 且有

$$m, n \geqslant n_0 \implies d(x_n, x_m) < \varepsilon.$$

例 点列 $x_n = \dfrac{1}{n}$ 是 $\mathbb{R}$ 中的一个 Cauchy 列. 为看出这一点, 令 $\varepsilon > 0$ 并取 $n_0 \in \mathbb{N}$ 满足 $n_0 > 3/\varepsilon$. 那么当 $n, m \geqslant n_0$ 时,

$$|x_n - x_m| = \left|\frac{1}{n} - \frac{1}{m}\right| \leqslant \frac{1}{n} + \frac{1}{m} \leqslant \frac{2}{n_0} < \varepsilon.$$

引理 6.2.1 每一个收敛点列都是 Cauchy 列.

---

④ 原书英文为 compact exhaustion.—— 译者注

证明 设 (x_n) 是 X 中的点列, 收敛于 $x \in X$. 对 $\varepsilon > 0$, 取 $n_0 \in \mathbb{N}$, 使对每一个 $n \geqslant n_0$,

$$d(x_n, x) < \frac{\varepsilon}{2}.$$

这样, 对任意 $m, n \geqslant n_0$, 有

$$\begin{aligned} d(x_n, x_m) &\leqslant d(x_n, x) + d(x_m, x) \\ &< \frac{\varepsilon}{2} + \frac{\varepsilon}{2} = \varepsilon. \end{aligned}$$

因此 (x_n) 是 Cauchy 列. □

Cauchy 列定义的要点通过例子 $x_n = \dfrac{1}{n}$ 看得很清楚. 此点列是子空间 $Y = \mathbb{R}\backslash\{0\}$ 中的 Cauchy 列, 但是它在此子空间中并不收敛, 因 Y 不含有它的极限点零. 这样, Cauchy 列可检测到度量空间中的 "洞", 就像 $\mathbb{R}\backslash\{0\}$ 的情况一样. 如果这些洞存在, 那么可以填进新的元素, 如同上面例子中的零. 因此, 完备化意味着构筑新的度量空间 $\bar{X}$, 而嵌入 $X \hookrightarrow \bar{X}$ 则以 $\bar{X}$ 没有洞且 $\bar{X}\backslash X$ 中新的点通过填进 X 的洞的方式来完成. 为此, 首先需要弄清楚, 嵌入 X 进入另一空间的含义是什么.

设 X, Y 是两个度量空间. 从 X 到 Y 的一个等距映射指的是映射 $f : X \to Y$ 满足: 对任意两个元素 $x, x' \in X$,

$$d(x, x') = d(f(x), f(x')).$$

等距是连续的, 如果 $g : X \to Y$ 是一个等距又是一个双射, 那么 g 称为等距同构. 在这种情况下, 逆映射 g^{-1} 也是一个等距.

度量空间 X 称为完备的, 如果 X 中每一个 Cauchy 都收敛.

定理 6.2.2 (完备化) 设 X 是一个度量空间, 那么存在一个完备度量空间 $\bar{X}$ 及到 $\bar{X}$ 的等距映射 $\varphi : X \to \bar{X}$, 使象集 $\varphi(X)$ 在 $\bar{X}$ 中稠密. $(\bar{X}, \varphi)$ 称为 X 的完备化.

完备化在下面的意义下是唯一确定的: 如果 $\psi : X \to Y$ 是另一个到完备空间 Y 的稠密子空间的等距映射, 那么存在唯一的等距同构 $\alpha : \bar{X} \to Y$ 使得 $\psi = \alpha \circ \varphi$. 我们通过下面的交换图表来说明这一点:

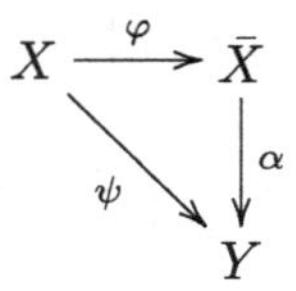

证明 设 (X, d) 是给定的度量空间. 首先构造 $\bar{X}$. 令 $\widetilde{X}$ 是 X 中所有 Cauchy 列的全体. 这样, 有一个自然映射 $\widetilde{\varphi} : X \to \widetilde{X}$, 它将 $x \in X$ 映到常数列 $x_n = x$.

在 $\widetilde{X}$ 中我们导出下面的等价关系. 称子列 (x_n) 等价于 (y_n), 若数列 $d(x_n, y_n)$ 趋于零, 此时记为 $(x_n) \sim (y_n)$. 注意到, 如果 (y_n) 是 $(x_n) \in \widetilde{X}$ 的一个子列, 那么 $(y_n) \sim (x_n)$.

令

$$\bar{X} \stackrel{\text{def}}{=\!=} \widetilde{X}/\sim,$$

因此 $\bar{X}$ 是 $\widetilde{X}$ 中等价类的集合.

称 Cauchy 列 (x_n) 为强 Cauchy 列, 如果对所有 $m, n \in \mathbb{N}$,

$$d(x_m, x_n) < \frac{1}{\min\{m, n\}}.$$

每一个 Cauchy 列有一个子列是强 Cauchy 列.

引理 6.2.3 设 $(x_n), (y_n) \in \widetilde{X}$, 那么数列 $d(x_n, y_n)$ 在 $\mathbb{R}$ 中收敛, 并且当 (x_n) 和 (y_n) 由其等价点列代替时, $d(x_n, y_n)$ 的极限保持不变.

特别地, 当 (x_n) 和 (y_n) 均为强 Cauchy 列时, 那么对任意的 $k \in \mathbb{N}$,

$$d(x_k, y_k) \leqslant \frac{2}{k} + \lim_n d(x_n, y_n).$$

证明 对 $m, n \in \mathbb{N}$, 由引理 6.1.1,

$$\begin{aligned}
&|d(x_n, y_n) - d(x_m, y_m)| \\
=\ &|d(x_n, y_n) - d(x_n, y_m) + d(x_n, y_m) - d(x_m, y_m)| \\
\leqslant\ &|d(x_n, y_n) - d(x_n, y_m)| + |d(x_n, y_m) - d(x_m, y_m)| \\
\leqslant\ &d(y_n, y_m) + d(x_n, x_m).
\end{aligned}$$

因此, 当 (x_n) 和 (y_n) 是 Cauchy 列时, $d(x_n, y_n)$ 是 $\mathbb{R}$ 中的 Cauchy 列. 由于 $\mathbb{R}$ 中每一个 Cauchy 列均收敛, 因而此数列是收敛的. 由三角不等式知, 每个点列都可被其等价点列所替代. 而最后的结论可由上面的估计得到. □

现回到定理 6.2.2 的证明. 定义 $\bar{X}$ 中的度量 $\bar{d}$ 如下：令 $[x_n]$ 记 $\bar{X}$ 中 Cauchy 列 (x_n) 所在的类. 定义

$$\bar{d}([x_n], [y_n]) \stackrel{\text{def}}{=\!=} \lim_{n\to\infty} d(x_n, y_n).$$

由引理 6.2.3 知, 上述极限存在且是唯一的.

证明 $\bar{d}$ 是一个度量完全是直接的. 例如, 三角不等式可说明如下[5]：

$$\begin{aligned}
\bar{d}([x_n], [y_n]) &= \lim_{n\to\infty} d(x_n, y_n) \\
&\leqslant \lim_{n\to\infty} d(x_n, z_n) + \lim_{n\to\infty} d(z_n, y_n) \\
&= \bar{d}([x_n], [z_n]) + \bar{d}([z_n], [y_n]).
\end{aligned}$$

⑤ 原书下式中第二行遗漏了极限符号.—— 译者注

现定义 $\varphi: X \to \bar{X}$ 如下:

$$\varphi(x) \stackrel{\text{def}}{=\!=} [\widetilde{\varphi}(x)].$$

因此 $\varphi(x) = [x_n]$, 这里, 对每个 $n \in \mathbb{N}$, $x_n = x$. 由此知⑥

$$\bar{d}(\varphi(x), \varphi(y)) = \lim_n d(x_n, y_n) = d(x, y),$$

因此 φ 是一个等距. 为看出 φ 的象在 $\bar{X}$ 中稠密, 任取 $[x_n] \in \bar{X}$ 及 $\varepsilon > 0$, 选取 $n_0 \in \mathbb{N}$, 使得当 $n, n \geqslant n_0$ 时, $d(x_m, x_n) < \varepsilon/2$. 令 $x = x_{n_0}$, 那么

$$\bar{d}(\varphi(x), [x_n]) = \lim_n d(x_{n_0}, x_n) \leqslant \frac{\varepsilon}{2} < \varepsilon.$$

$\varepsilon > 0$ 的任意性表明 $\varphi(X)$ 在 $\bar{X}$ 中稠密.

下面说明 $\bar{X}$ 是完备的. 为此, 令 $([x^k])_{k\in\mathbb{N}} = ([x_n^k])_{k\in\mathbb{N}}$ 是 $\bar{X}$ 中关于指标 k 的 Cauchy 列. 这意味着对每一个 $k \in \mathbb{N}$, 得到 X 中的 Cauchy 列 $(x_n^k)_{n\in\mathbb{N}}$. 可以假定 $\{x_n^k\}_{n\in\mathbb{N}}$ 是强 Cauchy 列, 不然, 可用其一个子列替代它. 进一步, 亦可假定 $([x^k])$ 是强 Cauchy 列. 记 $y_j = x_j^j$, 那么由引理 6.2.3, 有

$$\begin{aligned} d(y_i, y_j) &= d(x_i^i, x_j^j) \\ &\leqslant d(x_i^i, x_i^j) + d(x_i^j, x_j^j) \\ &< \frac{2}{i} + \bar{d}([x^i], [x^j]) + \frac{1}{\min(i,j)} \\ &< \frac{2}{i} + \frac{2}{\min(i,j)}. \end{aligned}$$

因此 (y_j) 是 X 中的一个 Cauchy 列, 从而它定义了 $\bar{X}$ 中的一个元 $[y]$. 下面将说明点列 $[x^k]$ 收敛于 $[y]$. 这可由下面看出⑦

$$\begin{aligned} \bar{d}([x^k], [y]) &= \lim_j d(x_j^k, x_j^j) \\ &\leqslant \lim_j \frac{2}{j} + \lim_j \frac{1}{\min(j,k)} \\ &= \frac{1}{k}. \end{aligned}$$

为完成定理 6.2.2 的证明, 假设还有另一个完备化 $\psi: X \to Y$ 满足定理中的条件. 对 $[x] \in \bar{X}$, 选取点列 $x_n \in X$ 使 $\varphi(x_n)$ 收敛于 $[x]$. 定义⑧

$$\alpha([x]) \stackrel{\text{def}}{=\!=} \lim_n \psi(x_n).$$

⑥ 原书下式中第二项误写为 $\lim_n d(x, y)$.—— 译者注

⑦ 原书下式中第二行遗漏了极限符号.—— 译者注

⑧ 原书下式中左边误写为 $\alpha(\bar{X})$.—— 译者注

这需要作些解释. 首先, 由于 φ 是等距的, 因此 x_n 是 Cauchy 列, 从而 $\psi(x_n)$ 也是 Cauchy 列, 故它收敛且极限存在. 易知此极限并不依赖于点列 x_n 的选取. 因此 α 是有意义的. 进一步, 直接计算可以看出 α 是等距的. 其逆映射 α^{-1} 以同样的方式定义, 故

$$\alpha^{-1}(y) \stackrel{\text{def}}{=\!=} \lim_n \varphi(x_n),$$

其中 x_n 是 X 中满足 $\psi(x_n) \to y$ 的任一点列. 那么 $\alpha\alpha^{-1} = \text{Id}$ 及 $\alpha^{-1}\alpha = \text{Id}$. 由稠密性命题, 映射 α 是唯一确定的. □

如果度量空间 X 还带有其他结构, 那么在它的完备化 $\bar{X}$ 中也通常被保留. 例如, 准 Hilbert 空间的完备化是 Hilbert 空间. 考虑具有度量

$$d(f,g) \stackrel{\text{def}}{=\!=} \|f-g\|_1$$

的空间 $L^1_{bc}(\mathbb{R})$, 那么它的完备化

$$L^1(\mathbb{R}) \stackrel{\text{def}}{=\!=} \overline{L^1_{bc}(\mathbb{R})}$$

保留了向量空间的结构. 例如, $f,g \in L^1(\mathbb{R})$, (f_n) 和 (g_n) 是分别收敛于 f 和 g 的点列, 那么它们的和可定义为

$$f+g \stackrel{\text{def}}{=\!=} \lim_n (f_n+g_n).$$

范数 $\|\cdot\|_1$ 可延拓至 $L^1(\mathbb{R})$ 并使 $L^1(\mathbb{R})$ 是一个完备的赋范向量空间.

6.3 LCA 群

一个可度量化的 Abel 群是带有度量 [d] (或者由度量导出的拓扑) 的 Abel 群, 并使得如下群的乘法和逆运算都是连续的:

$$\begin{array}{rcl} A\times A & \to & A, \\ (x,y) & \mapsto & xy, \end{array} \quad \text{及} \quad \begin{array}{rcl} A & \to & A, \\ x & \mapsto & x^{-1}. \end{array}$$

换句话说, 当点列 x_n 收敛于 x, 点列 y_n 收敛于 y 时, 点列 x_ny_n 收敛于 xy 并且点列 x_n^{-1} 收敛于 x^{-1}.

例

- 任何带有离散度量的群都是可度量化群.
- 记 $\mathbb{R}\backslash\{0\}$ 为 $\mathbb{R}^\times$, 那么群 $(\mathbb{R},+)$ 和 $(\mathbb{R}^\times,\cdot)$[⑨] 带有 $\mathbb{R}$ 上的拓扑是可度量化群的例子. 因为如果实数列 x_n 和 y_n 分别收敛于 x 和 y, 那么 x_n+y_n 收敛于 $x+y$, 并且 $-x_n$ 收敛于 $-x$. 类似的结果对 $\mathbb{R}^\times$ 也成立.

---

⑨ 原书此处用 $(\mathbb{R}^\times,*)$ 表示实数乘群. 为避免群运算记号 “ $*$ ” 与卷积相混淆, 这里改用记号 “ $\cdot$ ”.—— 译者注

- 具有上一节所给出的度量的群 $\mathbb{R}/\mathbb{Z}$ 是可度量化群.

一个可度量化的 σ 局部紧 Abel 群称为 LCA 群.

例

- 任何带有离散度量的可数 Abel 群是 LCA 群 (见习题 6.15);
- 群 $\mathbb{R}$ 和 $\mathbb{R}/\mathbb{Z}$ 是 LCA 群.

引理 6.3.1 LCA 群包含有可数稠密子集.

证明 此结论是 σ 紧性的推论. 令 $A = \bigcup_{n\in\mathbb{N}} K_n$ 是 A 的一个紧穷举. 选取 A 的一个度量, 由习题 6.18, K_1 可被有限多个半径为 1 的开球所覆盖. 记其中心为 $a_1, \cdots, a_{r_1}$. 而 K_2 又可被有限多个半径 $\frac{1}{2}$, 中心分别在 $a_{r_1+1}, \cdots, a_{r_2}$ 的开球所覆盖, $\cdots$, K_j 可被有限多个半径为 $\frac{1}{j}$, 中心分别在 $a_{r_{j-1}+1}, \cdots, a_{r_j}$ 的开球所覆盖, 这样得到的点列 (a_k) 在 A 中稠密. □

设 A 是一个 LCA 群. A 的紧穷举 (K_n) 称为吸收的, 若每一个紧集 $K \subset A$, 存在指标 $n \in \mathbb{N}$, 使得 $K \subset K_n$, 即穷举吸收了所有的紧集.

例 $\mathbb{R}$ 的穷举 $K_n = [-n, n]$ 是吸收的, 因为 $\mathbb{R}$ 的每一紧集是有界的, 穷举 $K_n = [-n, n]\backslash \left(0, \frac{1}{n}\right)$ 不是吸收的, 因为没有一个穷举包含紧区间 $[0, 1]$.

引理 6.3.2 设 A 为 LCA 群, 那么存在一个吸收的穷举.

证明 设 A 是 LCA 群且 U 为单位元的开邻域, 并使其闭包 $V = \bar{U}$ 是紧的. 令 L_n 是给定的紧穷举, 则对每个 n, 集 $K_n = VL_n = \{v\ell | v \in V, \ell \in L_n\}$ 仍是紧的, 这是因为它是紧集 $V \times L_n$ 在乘法运算下的象, 而乘法运算是连续的. 因 $L_n \subset K_n$, 故集合列 $\{K_n\}$ 亦形成一个紧穷举. 为说明它是吸收的, 设 $K \subset A$ 是一个紧集.

设对每一个 $n \in \mathbb{N}$, 存在 $x_n \in K$ 不在 K_n 中. 因为 K 是紧的, 故点列 x_n 有收敛的子列. 不妨设 $x_n \to x$. 因为 (L_n) 是一个穷举, 因此存在 $n_0 \in \mathbb{N}$, 使得 $x \in L_{n_0}$. 由于集 Ux 是 x 的开邻域, 因此存在 n_1, 使当 $n \geqslant n_1$ 时, $x_n \in Ux$. 这样, 对于 $n \geqslant n_0, n_1$, 有

$$x_n \in Ux \subset UL_n \subset VL_n = K_n.$$

此矛盾说明存在某个 n, 使 $K \subset K_n$. 故穷举 K_n 是吸收的. □

6.4 习 题

习题 6.1 设 V 是具有范数 $\|\cdot\|$ 的向量空间. 证明: $d(x, y) = \|x - y\|$ 定义了 V 上的一个度量.

习题 6.2 设 x_n 是度量空间 X 中既收敛于 $x \in X$, 又收敛于 $y \in X$ 的点列, 证明: $x = y$.

习题 6.3　设 X 是离散度量空间, 即此度量是离散度量. 证明: X 中的点列 (x_n) 收敛于 x 当且仅当它是平稳的, 即存在 $n_0 \in \mathbb{N}$ 使得对所有 $n \geqslant n_0$ 有 $x_n = x$.

习题 6.4　设 X 是离散空间, Y 是一个度量空间, $f: X \to Y$ 为任一映射. 证明: f 是连续的.

习题 6.5　证明: $\mathbb{R}/\mathbb{Z}$ 的每一个有限子群是循环群.

习题 6.6　设 (X, d) 是一个度量空间, $f: X \to X$ 是一个单射. 证明:

$$d'(x, y) = d(f(x), f(y))$$

定义了 X 上的一个度量.

习题 6.7　设 X, Y, Z 均为度量空间. $g: X \to Y$ 及 $f: Y \to X$ 均为连续映射. 证明: 复合映射 $f \circ g: X \to X$ 是连续的.

习题 6.8　设 X 是一个可度量化空间. 证明下面是等价的:

(a) X 是局部紧的;

(b) 每个 $x \in X$, 存在一个开邻域 U, 使得闭包 $\bar{U}$ 是紧的;

(c) 每个 $x \in X$, 存在一个开邻域 U, 使得存在 X 的紧子集 C 包含了 U.

习题 6.9　证明: 离散度量不等价于 $\mathbb{R}$ 的标准度量.

习题 6.10　证明: 离散空间是紧的当且仅当它是有限的.

习题 6.11　在实向量空间 $\mathbb{R}^n$ 上, 对自然数 n, 定义 Euclid 范数为

$$\|a\|_2 = \sqrt{a_1^2 + a_2^2 + \cdots + a_n^2}, \quad a \in \mathbb{R}^n.$$

证明: (a) $d(a, b) = \|a - b\|_2$ 定义了 $\mathbb{R}^n$ 上的一个度量;

(b) $\mathbb{R}^n$ 中点列 $(a^{(j)})_{j \in \mathbb{N}}$ 收敛当且仅当每个 $a_k^{(j)}$ $(k = 1, 2, \cdots, n)$ 收敛;

(c) $\mathbb{R}^n$ 中的子集 A 是紧的当且仅当 A 是闭的且有界, 即存在 $C > 0$ 使得对每个 $a \in A$, $\|a\|_2 \leqslant C$.

习题 6.12　设 X 是一个无限集合. 定义幂集 $\mathcal{P}(X)$ 的子集 $\mathcal{O}$ 如下:

$$A \in \mathcal{O} \Longleftrightarrow A = \varnothing \text{ 或 } X \backslash A \text{ 有限}.$$

证明: $\mathcal{O}$ 是一个拓扑.

习题 6.13　设 (x_n) 是度量空间 (X, d) 中的 Cauchy 列, $(x_{n_k})_{k \in \mathbb{N}}$ 是其子列. 证明: (x_n) 收敛当且仅当 (x_{n_k}) 收敛, 且在此情况下极限相同.

习题 6.14　设 X 是度量空间, 而 $\varphi: X \to \bar{X}$, $\bar{X}$ 是它的完备化. 证明: 对每个完备的度量空间 Y 和每一个等距 (或连续) 映射 $\psi: X \to Y$, 存在唯一的等距 (或连续) 映射 $\alpha: \bar{X} \to Y$, 使得 $\psi = \alpha \circ \varphi$.

习题 6.15　证明: 每一个可数离散群是 LCA 群.

习题 6.16　对 $f, g \in \mathcal{S}(\mathbb{R})$, 令

$$d(f,g) = \sum_{m,n=0}^{\infty} \frac{1}{2^{m+n}} \frac{\sigma_{m,n}(f-g)}{1+\sigma_{m,n}(f-g)}.$$

证明：d 是空间 $\mathcal{S}(\mathbb{R})$ 上的一个度量, 并且点列 (f_j) 按此度量收敛于 $f \in \mathcal{S}$ 当且仅当对每两个 $m, n \geqslant 0$, 当 $j \to \infty$ 时, 数列 $\sigma_{m,n}(f - f_j) \to 0$.

习题 6.17　证明：度量空间 X 中子集 A 的闭包是包含 A 的最小闭集, 即证明 $\bar{A}$ 是闭的, 且每一个包含 A 的闭集 B 也包含了 $\bar{A}$.

习题 6.18　设 X 是一个拓扑空间. X 的一个开覆盖是指一个开集族 $(U_j)_{j\in J}$, 使 $X = \bigcup_{j\in J} U_j$. 一个子覆盖是指 $(U_j)_{j\in F}$ 的子集族, 它仍是 X 的一个覆盖, 即 $X = \bigcup_{j\in F} U_j$, 这里 F 是指标集 J 的子集. 一个子覆盖称之为有限子覆盖, 如果 F 为有限集. 如果 X 的每一个开覆盖都包含有限子覆盖, 那么称 X 为紧空间. 证明：对于可度量化空间 X, 上述紧性的定义与本书给出的定义一致, 即 X 中每一个点列都有收敛的子列当且仅当每一个开覆盖都含有有限的子覆盖.

习题 6.19　对 $j \in \mathbb{N}$, A_j 是非平凡的紧 Abel 群. 令

$$A = \prod_{j\in\mathbb{N}} A_j.$$

设 d_j 是 A_j 上的度量, 使得 A_j 具有直径 1. 定义

$$d(x,y) = \sum_{j\in\mathbb{N}} \frac{1}{2^j} d_j(x_j, y_j).$$

证明：(a) $d(x, y)$ 定义了 A 上的一个度量, 使得 A 成为紧的 LCA 群;

(b) 对每一个 $j \in \mathbb{N}$, 投影 $A \to A_j$ 是连续的群同态;

(c) 如每一个 A_j 均有限, 那么每一个连续的群同态 $\mathbb{R} \to A$ 是平凡的.

习题 6.20　设 $(A_j)_{j\in\mathbb{N}}$ 是紧群列. 对 $i < j$, 存在连续的群同态 $\varphi_i^j : A_j \to A_i$. 设当 $i < k < j$ 时, $\varphi_i^k \circ \varphi_k^j = \varphi_i^j$. 记 $\varprojlim A_j$ 是 $\prod_j A_j$ 中使得对一切 $i < j$, $x_i = \varphi_i^j(x_j)$ 的点 x 的全体.

(a) 证明：$\varprojlim A_j$ 是 $\prod_j A_j$ 的闭子群. 这个群称之为 A_j 的射影极限.

(b) 证明：射影导出的连续群同态

$$p_i : \varprojlim A_j \to A_i, \quad i \in \mathbb{N}$$

满足当 $k > i$ 时, $\varphi_i^k \circ p_k = p_i$.

(c) 设存在紧 Abel 群 A 及连续群同态列 $q_i : A \to A_i$, 使得只要 $k > i$ 就有 $\varphi_i^k \circ q_k = q_i$. 证明：存在唯一的连续群同态 $\alpha : A \to \varprojlim A_j$, 使得对每一个 i, 下面

的图表

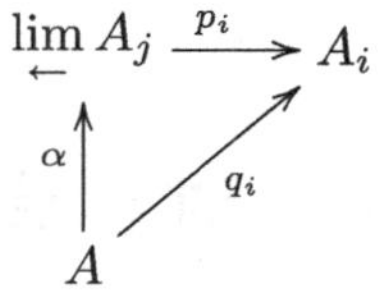

是交换的. 上述性质称之为射影极限的通用性质.

习题 6.21　证明：无穷维可分 Hilbert 空间不是局部紧的. 提示：设 $\{e_n\}_{n\in\mathbb{N}}$ 是一个正交系, 说明 $\{e_n\}$ 每一收敛的子列.

习题 6.22　证明：可度量化群的每个开子群也是闭的. 提示：设 H 是 G 的开子群, 写 G 作为 H 的左陪集的并.

习题 6.23　设 $(B_j)_{j\in\mathbb{N}}$ 是离散群列. 对 $i<j$ 存在群同态 $\psi_i^j : B_i \to B_j$, 使得当 $i<k<j$ 时, $\psi_j^k \circ \psi_k^i = \psi_j^i$. 对于 $b \in B_j$ 及 $k \geqslant j$, 令 $b_k = \psi_j^k(b)$, 这样由 b 定义了点列 $(b_k)_{k\geqslant j}$. 实际上, 并集 $\bigcup_j B_j$ 与所有这些点列的集合是一致的. 对 $b \in B_j$ 及 $b' \in B_{j'}$, 定义 $b \sim b'$ 当且仅当存在 $k \geqslant j, j'$ 满足 $b_k = b'_k$.

(a) 证明：$\sim$ 是 $\bigcup_j B_j$ 上的一个等价关系, 并证明下面的商

$$\varinjlim B_j = \bigcup_j B_j/\sim$$

是 Abel 群, 其乘法为 $[(b_k)][(b'_k)] = [(b_k b'_k)]$. 这个群称之为 B_j 的方向极限.

(b) 证明：由 $e_i(b) = [(b_k)]$ 所确定的映射 $e_i : B_i \to \varinjlim B_j$ 是群同态, 且当 $k>i$ 时, 满足 $e_k \circ \psi_i^k = e_i$.

(c) 设存在一个离散的 Abel 群 B 及群同态列 $f_i : B_i \to B$, 使得当 $k>i$ 时, $f_k \circ \psi_i^k = f_i$. 证明：存在唯一的群同态 $\beta : \varinjlim B_j \to B$, 使对每一个 i, 图表

是交换的. 上述性质称之为方向极限的通用性质.

第 7 章　对　偶　群

本章将以一种自然的方式说明一个给定的 LCA 群的所有特征组成的群仍是 LCA 群, 并由此进一步发展 LCA 群的一般理论. 这为建立 Pontryagin 对偶性铺平了道路.

7.1　LCA 群的对偶

设 A 是 LCA 群. 这意味着 A 是 σ 紧的、可度量化的局部紧 Abel 群.

可度量化 Abel 群的特征是一个连续的群同态 $\chi: A \to \mathbb{T}$. A 的所有特征的集合记为 $\hat{A}$.

命题 7.1.1　标准例子的特征如下:

(a) 群 $\mathbb{Z}$ 的特征由 $k \mapsto \mathrm{e}^{2\pi \mathrm{i} kx}$ 给出, 这里 $x \in \mathbb{R}/\mathbb{Z}$;

(b) $\mathbb{R}/\mathbb{Z}$ 的特征由 $x \mapsto \mathrm{e}^{2\pi \mathrm{i} kx}$ 给出, 这里 $k \in \mathbb{Z}$;

(c) $\mathbb{R}$ 的特征由 $x \mapsto \mathrm{e}^{2\pi \mathrm{i} xy}$ 给出, 这里 $y \in \mathbb{R}$.

证明　为证明 (a), 令 $\varphi: \mathbb{Z} \to \mathbb{T}$ 是一个特征. 那么对于 $x \in \mathbb{R}/\mathbb{Z}$, $\varphi(1) = \mathrm{e}^{2\pi \mathrm{i} x}$. 因此, 对任意的 $k \in \mathbb{Z}$, 有 $\varphi(k) = \varphi(1)^k = \mathrm{e}^{2\pi \mathrm{i} kx}$.

关于 (c), 令 $\varphi: \mathbb{R} \to \mathbb{T}$ 是一个特征. 由连续性, 存在 $\varepsilon > 0$, 使得 $\varphi([-\varepsilon, \varepsilon]) \subset \{\mathrm{Re}(z) > 0\}$. 令 y 是 $\left[-\dfrac{1}{4\varepsilon}, \dfrac{1}{4\varepsilon}\right]$ 中使 $\varphi(\varepsilon) = \mathrm{e}^{2\pi \mathrm{i} \varepsilon y}$ 的唯一的数. 那么我们断言

$$\varphi\left(\frac{\varepsilon}{2}\right) = \mathrm{e}^{2\pi \mathrm{i} \frac{\varepsilon}{2} y}.$$

为证明此, 注意到 $\varphi\left(\dfrac{\varepsilon}{2}\right)^2 = \varphi(\varepsilon) = \mathrm{e}^{2\pi \mathrm{i} \varepsilon y}$, 故 $\varphi\left(\dfrac{\varepsilon}{2}\right) = \pm \mathrm{e}^{2\pi \mathrm{i} \frac{\varepsilon}{2} y}$, 并且 $-\mathrm{e}^{2\pi \mathrm{i} \frac{\varepsilon}{2} y}$ 没有正的实部. 重复上述过程得到 $\varphi\left(\dfrac{\varepsilon}{2^n}\right) = \mathrm{e}^{2\pi \mathrm{i} \frac{\varepsilon}{2^n} y}$, 并且对 $k \in \mathbb{Z}$, 有

$$\varphi\left(\frac{k}{2^n}\varepsilon\right) = \varphi\left(\frac{\varepsilon}{2^n}\right)^k = \mathrm{e}^{2\pi \mathrm{i} \frac{k}{2^n} \varepsilon y}.$$

因所有形如 $\dfrac{k}{2^n}$, $k \in \mathbb{Z}$, $n \in \mathbb{N}$ 的有理数的集合在 $\mathbb{R}$ 中稠密, 由 φ 的连续性, 并应用引理 6.1.4 得出, $\varphi(x) = \mathrm{e}^{2\pi \mathrm{i} xy}$ 对每个 $x \in \mathbb{R}$ 成立. 最后, (b) 可由下面的事实推出, 即 $\mathbb{R}/\mathbb{Z}$ 的特征恰好是当映 $\mathbb{Z}$ 到 1 时的 $\mathbb{R}$ 的特征. □

设 A 是 LCA 群, $\hat{A}$ 是 A 的所有特征的集合.

引理 7.1.2 点态积 $\chi\eta(a) = \chi(a)\eta(a)$ 使 $\hat{A}$ 成为 Abel 群, 称为 A 的对偶群, 或 A 的 Pontryagin 对偶.

证明 设 $\chi, \eta \in \hat{A}$. 由引理 5.1.2 的证明可知, $\chi\eta$ 和 χ^{-1} 都是群同态. 为看出 $\chi\eta$ 是连续映射, 令 a_n 是 A 中收敛于 $a \in A$ 的点列. 那么 $\chi\eta(a_n) = \chi(a_n)\eta(a_n)$. 因 $\chi(a_n)$ 收敛于 $\chi(a)$, $\eta(a_n)$ 收敛于 $\eta(a)$, 故 $\chi\eta(a_n)$ 收敛于 $\chi(a)\eta(a) = \chi\eta(a)$. 类似地, 可说明 χ^{-1} 也是连续的. 因此 $\hat{A}$ 是一个 Abel 群. □

例

- $\mathbb{Z}$ 的对偶群同构于 $\mathbb{R}/\mathbb{Z}$;
- $\mathbb{R}/\mathbb{Z}$ 的对偶群同构于 $\mathbb{Z}$;
- $\mathbb{R}$ 的对偶群同构于 $\mathbb{R}$.

为证明这些陈述, 我们必须说明在命题 7.1.1 中给出的双射是群同态. 仅说明第一种情况, 而其他是类似的. 令 φ 是从 $\mathbb{R}/\mathbb{Z}$ 到 $\hat{\mathbb{Z}}$ 的映射, 定义为

$$\varphi(x)(k) = \varphi_x(k) = \mathrm{e}^{2\pi \mathrm{i} kx}.$$

对每一个 $x, y \in \mathbb{R}/\mathbb{Z}$, 有

$$\varphi_{x+y}(k) = \mathrm{e}^{2\pi \mathrm{i} k(x+y)} = \mathrm{e}^{2\pi \mathrm{i} kx}\mathrm{e}^{2\pi \mathrm{i} ky} = \varphi_x(k)\varphi_y(k),$$

这就得到上述结论.

现在说明, 对给定的 LCA 群 A, 对偶 $\hat{A}$ 也是 LCA 群.

固定一个吸收紧穷举 $A = \bigcup_{n\in\mathbb{N}} K_n$. 对 $\chi, \eta \in \hat{A}$ 及 $n \in \mathbb{N}$, 令

$$\hat{d}_n(\chi, \eta) = \sup_{x\in K_n} |\chi(x) - \eta(x)|$$

及

$$\hat{d}(\chi, \eta) = \sum_{n=1}^{\infty} \frac{1}{2^n} \hat{d}_n(\chi, \eta).$$

引理 7.1.3 函数 $\hat{d}$ 是集合 $\hat{A}$ 上的一个度量.

由上面的构造可知, 此度量上界不超过 2.

证明 仅说明三角不等式, 因为其他性质是明显的. 对 $\chi, \eta, \alpha \in \hat{A}$,

$$\begin{aligned}
\hat{d}_n(\chi, \eta) &= \sup_{x\in K_n} |\chi(x) - \eta(x)| \\
&= \sup_{x\in K_n} |\chi(x) - \alpha(x) + \alpha(x) - \eta(x)| \\
&\leqslant \sup_{x\in K_n} |\chi(x) - \alpha(x)| + \sup_{x\in K_n} |\alpha(x) - \eta(x)| \\
&= \hat{d}_n(\chi, \alpha) + \hat{d}_n(\alpha, \eta).
\end{aligned}$$

因此

$$\hat{d}(\chi,\eta) = \sum_{n=1}^{\infty}\frac{1}{2^n}\hat{d}_n(\chi,\eta) \leqslant \sum_{n=1}^{\infty}\frac{1}{2^n}\left(\hat{d}_n(\chi,\alpha)+\hat{d}_n(\alpha,\eta)\right)$$
$$= \hat{d}(\chi,\alpha)+\hat{d}(\alpha,\eta). \qquad \square$$

定理 7.1.4 按上面的度量, 群 $\hat{A}$ 是一个拓扑 Abel 群. 点列 x_n 按此度量收敛当且仅当它局部一致收敛, 因此, 度量和拓扑不依赖于穷举的选择. $\hat{A}$ 按此拓扑是一个 LCA 群.

证明 首先必须说明 $\hat{A}$ 上的群运算是连续的. 为此, 令 χ_j 和 η_j 是 $\hat{A}$ 中分别收敛于 χ 和 η 的两个点列. 那么, 对任意自然数 n,

$$\begin{aligned}
\hat{d}_n(\chi_j\eta_j,\chi\eta) &= \sup_{x\in K_n}|\chi_j(x)\eta_j(x)-\chi(x)\eta(x)|\\
&= \sup_{x\in K_n}|(\chi_j(x)-\chi(x))\eta_j(x)+\chi(x)(\eta_j(x)-\eta(x))|\\
&\leqslant \sup_{x\in K_n}|\chi_j(x)-\chi(x)|+\sup_{x\in K_n}|\eta_j(x)-\eta(x)|\\
&= \hat{d}_n(\chi_j,\chi)+\hat{d}_n(\eta_j,\eta).
\end{aligned}$$

两边乘上因子 $\frac{1}{2^n}$, 并关于 n 求和得到

$$\hat{d}(\chi_j\eta_j,\chi\eta) \leqslant \hat{d}(\chi_j,\chi)+\hat{d}(\eta_j,\eta).$$

这样, $\chi_j\eta_j$ 收敛于 $\chi\eta$, 由此知乘法是连续的. 逆运算的处理是类似的, 因此得出 $(\hat{A},[d])$ 是可度量化 Abel 群. $\hat{A}$ 中点列 χ_j 收敛当且仅当它在每一个 K_n 上一致收敛. 因为穷举 $\{K_n\}$ 是吸收的, 由此知点列收敛当且仅当它在 A 的每一个紧支集上一致收敛. 由于 A 是局部紧的, 从而它等价于局部一致收敛.

剩下说明 $\hat{A}$ 是局部紧和 σ 紧的. 令 d 是 A 上确定拓扑的度量. 对 $r>0$, 记 $B_r=B_r(1)=\{a\in A|\, d(a,1)<r\}$. 令

$$L_n=\{\chi\in\hat{A}|\,\chi(B_{\frac{1}{n}})\subset\{\mathrm{Re}(z)\geqslant 0\}\}.$$

下面将说明 L_n 形成一个紧穷举.

引理 7.1.5 设 $n\in\mathbb{N}$, 对任意 $\varepsilon>0$, 存在 $\delta>0$, 使对每一个 $\chi\in L_n$,

$$\chi(B_\delta)\subset\{z\in\mathbb{T}:|z-1|<\varepsilon\}.$$

证明 设 $n\in\mathbb{N}$ 及 $\varepsilon>0$. 对 $k\in\mathbb{N}$ 及 $r>0$, 令

$$(B_r)^k=\{x_1\cdot x_2\cdots x_k\in A|\, x_1,x_2,\cdots,x_k\in B_r\}.$$

那么 $A \times A$ 是具有以下度量的度量空间

$$d((a,a'),(b,b')) = d(a,b) + d(a',b').$$

由乘法运算连续性的 ε-δ 准则知, 存在 δ 使

$$d((a,1),(b,1)) < 2\delta \implies d(ab,1) < \frac{1}{n}.$$

由此得到

$$(B_\delta)^2 \subset B_{\frac{1}{n}}.$$

重复上述过程, 对每个 $k \in \mathbb{N}$, 存在 $\delta_k > 0$ 使得

$$(B_{\delta_k})^k \subset B_{\frac{1}{n}}.$$

取 $k \in \mathbb{N}$ 足够大, 使 $|\mathrm{e}^{\frac{\pi}{2k}\mathrm{i}} - 1| < \varepsilon$. 我们断言 δ_k 满足引理的条件. 为此, 令 $x \in B_{\delta_k}$, 那么 $x, x^2, \cdots, x^k$ 均在 $B_{\frac{1}{n}}$ 中, 因此, 对每一个 $\chi \in L_n$, $\chi(x), \chi(x)^2, \cdots, \chi(x)^k$ 的实部都是非负的, 而这仅当对某 $t \in [-1,1]$, $\chi(x) = \mathrm{e}^{\frac{\pi}{2k}it}$ 时, 上述事实成立. 由此推出 $|\chi(x) - 1| < \varepsilon$. 这样就说明了

$$\chi(B_{\delta_k}) \subset \{z \in \mathbb{T} : |z-1| < \varepsilon\}.$$ □

现在回到定理 7.1.4 的证明. 由上述引理, 可推出 L_n 是紧的. 记 χ_j 为 L_n 中的点列, 需找出一个收敛的子列, 也就是说, 一个局部一致收敛的子列. 设 a_j 是 A 中一个稠密点列, 由引理 6.3.1, a_j 是存在的. 因点列 $(\chi_j(a_1))_j$ 取值在紧集 $\mathbb{T}$ 中, 存在 χ_j 的子列 χ_j^1, 使数列 $\chi_j^1(a_1)$ 收敛. 又存在 χ_j^1 的子列 χ_j^2, 使 $\chi_j^2(a_2)$ 收敛. 重复此过程得到, 对每一个 $k \in \mathbb{N}$, 有 χ_j 的子列 χ_j^k, 使 $\chi_j^k(a_1), \cdots, \chi_j^k(a_k)$ 均收敛. 那么对角点列 χ_j^j 是 χ_j 的子列, 且对每一个 k, 所有 $\chi_j^j(a_k)$ 均收敛. 这样定义了一个映射 $\chi : \{a_k | k \in \mathbb{N}\} \to \mathbb{T}$, 使

$$\chi(a_k) = \lim_{j\to\infty} \chi_j^j(a_k).$$

如引理 7.1.5 中选取 $\varepsilon > 0$ 及 $\delta > 0$, 设 $a_k^{-1}a_l \in B_\delta$, 那么由引理 7.1.5, 有

$$|\chi_j^j(a_k) - \chi_j^j(a_l)| = |\chi_j^j(a_k^{-1}a_k) - 1| < \varepsilon,$$

因此

$$|\chi(a_k) - \chi(a_l)| \leqslant \varepsilon.$$

此蕴含了点列 χ_j^j 的局部一致极限 χ 可延拓为唯一的连续映射 $\chi : A \to \mathbb{T}$. 由于所有的 x_j^j 都是群同态, 因此 χ 亦为群同态, 从而是一个特征. 作为 x_j^j 的极限, 特征 χ 仍在 L_n 中, 故 L_n 是紧的. 定理得证. □

命题 7.1.6 命题 7.1.1 中给出的群同构 $\mathbb{R}/\mathbb{Z}\to\hat{\mathbb{Z}}$, $\mathbb{Z}\to\widehat{\mathbb{R}/\mathbb{Z}}$ 和 $\mathbb{R}\to\hat{\mathbb{R}}$ 均是同胚, 即它们自身及其逆映射均是连续的. 特别地, $\hat{\mathbb{R}}$ 作为 LCA 群同构于 $\mathbb{R}$.

证明 仅考虑同构 $\varphi:\mathbb{R}\to\hat{\mathbb{R}}$, $x\mapsto\varphi_x$ 的情况, 因其他情况是类似的. 为看出 φ 是连续的, 令 x_n 是 $\mathbb{R}$ 中收敛于 $x\in\mathbb{R}$ 的点列. 那么对每一个 $y\in\mathbb{R}$, 有

$$\begin{aligned}|\varphi_{x_n}(y)-\varphi_x(y)| &= |\mathrm{e}^{2\pi\mathrm{i}x_n y}-\mathrm{e}^{2\pi\mathrm{i}xy}|\\ &= \left|\int_x^{x_n}2\pi\mathrm{i}y\mathrm{e}^{2\pi\mathrm{i}ty}\mathrm{d}t\right|\\ &\leqslant 2\pi\|y|\,|x_n-x|.\end{aligned}$$

由此知, 在每一个有界区间上, 函数列 φ_{x_n} 一致收敛于函数 φ_x. 因此, φ_{x_n} 在 $\mathbb{R}$ 上局部一致收敛于 φ_x, 从而映射 φ 是连续的.

下面证明其逆 φ^{-1} 也是连续的. 令 x_n 是 $\mathbb{R}$ 中的点列, 使 φ_{x_n} 在 $\hat{\mathbb{R}}$ 中收敛于 φ_x. 需说明 x_n 在 $\mathbb{R}$ 中收敛于 x. 令 $y\in\mathbb{R}$, $|y|\leqslant 1$. 那么 $\varphi_{x_n}(y)=\mathrm{e}^{2\pi\mathrm{i}x_n y}$ 关于 y 一致收敛于 $\mathrm{e}^{2\pi\mathrm{i}xy}$. 这蕴含了存在 $k_n\in\mathbb{Z}$, 使得 $(x_n-x)y=k_n+\varepsilon_n$, 其中 ε_n 在 $\mathbb{R}$ 中收敛于零. 因为它对每一个 $y\neq 0$ 都成立, 因此点列 x_n 必然是有界的, 从而存在收敛的子列 x_{n_k}, 设 x' 是它的极限. 那么由第一部分知 $\varphi_{x_{n_k}}$ 收敛于 $\varphi_{x'}$, 由此推出 $x'=x$. 由于它对每一个收敛的子列均成立, 故推出 x_n 收敛于 x. □

7.2 Pontryagin 对偶性

这一节说明每一个 LCA 群是典型地同构于它的双对偶, 即对偶的对偶.

命题 7.2.1 如果 A 是紧的, 那么 $\hat{A}$ 是离散的; 如果 A 是离散的, 那么 $\hat{A}$ 是紧的.

证明 设 A 是紧的, 选择一个穷举 $K_1=K_2=\cdots=A$, 及 $\hat{A}$ 上的度量为

$$d(\chi,\eta)=\sup_{x\in A}|\chi(x)-\eta(x)|.$$

为说明 $\hat{A}$ 是离散的, 只需说明对任意两个特征 χ 和 η, 只要 $d(\chi,\eta)\leqslant\sqrt{2}$ 就有 $\chi=\eta$. 为此, 令 $\alpha=\chi^{-1}\eta$, 并设 $d(\alpha,1)\leqslant\sqrt{2}$. 这意味着

$$\alpha(A)\subset\{\mathrm{Re}(z)\geqslant 0\}.$$

因为 $\alpha(A)$ 是 $\mathbb{T}$ 的子群, 可推出 $\alpha(A)=\{1\}$, 因此 $\alpha=1$, 即 $\chi=\eta$.

现设 A 是离散的, 由 σ 紧性, 从而 A 可数. 记 A 为 $(a_k)_{k\in\mathbb{N}}$, 且 χ_j 是 $\hat{A}$ 中的点列. 正如定理 7.1.4 的证明过程, 可得到 χ_j 的子列 χ_j^j 使得所有的点列 $\chi_j^j(a_k)$ 均收敛, 而这意味着 χ_j^j 点态收敛, 从而是局部一致收敛. 因此其极限仍是一个特征, 故 $\hat{A}$ 是紧的. □

命题 7.1.1 的例子暗示着双对偶 $\hat{\hat{A}}$ 应与 A 一致. 实际上, 有以下定理.

定理 7.2.2 (Pontryagin 对偶性) 设 A 为 LCA 群, 那么映射

$$\begin{aligned} A &\to \hat{\hat{A}}, \\ a &\mapsto \delta_a, \qquad \delta_a(\chi) = \chi(a) \end{aligned}$$

是一个 LCA 群的同构.

此证明依赖于 LCA 群的深刻的构造定理, 因此这里不给出其证明. 有兴趣的读者可参阅文献 [11].

注意到 $\mathbb{Z}$ 和 $\mathbb{R}/\mathbb{Z}$ 之间的对偶性及 $\mathbb{R}$ 的自对偶性, 对这些群都说明了此定理.

7.3 习　题

习题 7.1 设 K 是一个紧群, 证明: 除去平凡的情况之外, 不存在连续的群同态 $\eta : K \to \mathbb{R}$.

习题 7.2 设 A 和 B 均为 LCA 群. 证明: 存在 LCA 群的同构

$$\widehat{A \times B} \cong \hat{A} \times \hat{B}.$$

习题 7.3 记 $\mathbb{C}^\times$ 为除去零的复数乘群. 证明: $\mathbb{C}^\times$ 是一个 LCA 群, 并且

$$\widehat{\mathbb{C}^\times} \cong \mathbb{Z} \times \mathbb{R}.$$

习题 7.4 设 A 是 LCA 群. 证明: 存在单位元 e 的邻域列 V_n, 使得

$$\overline{V_{n+1}^2} = \overline{\{uv | u, v \in V_{n+1}\}} \subset V_n$$

且

$$\bigcap_{n \in \mathbb{N}} V_n = \{e\}.$$

提示: 说明乘法的连续性蕴含了对单位元的每一个邻域 V, 存在单位元的邻域 U 使得 $U^2 \subset V$. 现选取一个度量, 并考虑以单位为中心的球.

习题 7.5 对 $j \in \mathbb{N}$, 令 A_j 是有限 Abel 群. 考虑紧 LCA 群 $\prod_j A_j$ (见习题 6.19). 证明:

$$\widehat{\prod_j A_j} \cong \bigoplus_j \widehat{A_j},$$

其中右手边的直和是带有离散度量的 $\prod_j \hat{A}_j$ 中所有满足除去有限个 j 之外 $\chi_j = 1$ 的元 χ 的集合.

习题 7.6 设 $\psi : A \to B$ 是 LCA 群的连续同态. 对 $\chi \in \hat{B}$, 定义 $\psi^*(\chi) : A \to \mathbb{C}$ 如下：

$$\psi^*(\chi)(a) = \chi(\psi(a)).$$

证明：ψ^* 是 $\hat{B} \to \hat{A}$ 的连续群同态.

习题 7.7 Abel 群 A 上的度量 d 称为不变的, 如对任意的 $a, b, c \in A$, 有

$$d(a, b) = d(ac, bc).$$

证明：对每一个 LCA 群 A, 在度量族中存在一个不变度量.

提示：运用同构 $A \to \hat{\hat{A}}$.

习题 7.8 设 B 是 LCA 群 A 的闭子群. 证明：B 仍是 LCA 群, 并且商群 A/B 也是 LCA 群. 令 $\mathrm{res} : \hat{A} \to \hat{B}$ 是一个限制. 证明：res 的核同构于 $\widehat{A/B}$.

提示：取 A 上的一个不变度量与它的 B 平移的下确界构造 A/B 上的度量.

习题 7.9 令 $1 \to A \to B \to C \to 1$ 是带有连续同态的 LCA 群的正合序列. 证明：由此导出正合序列

$$1 \to \hat{C} \to \hat{B} \to \hat{A} \to 1.$$

习题 7.10 运用习题 6.20 的记号, 证明：

$$\widehat{\varprojlim A_j} \cong \varinjlim \widehat{A_j}.$$

习题 7.11 运用习题 6.23 的记号, 证明：

$$\widehat{\varinjlim B_j} \cong \varprojlim \widehat{B_j}.$$

第 8 章　Plancherel 定理

本章将给出一般的 Plancherel 定理, 它既是 Fourier 级数完全性的推广, 同时也是实直线上 Plancherel 定理的推广. 因此, 它表明抽象调和分析实际上是 Fourier 分析的推广. 为得到 LCA 群的一般 Plancherel 定理, 首先需给出 Haar 积分的概念.

8.1　Haar 积分

这一节探讨将实轴上的 Riemann 积分推广到一般 LCA 群的问题. 实际上, 由于此构造工作同样适用非 Abel 群, 因此以下将在任意可度量化的 σ 局部紧群 G 上讨论, 简记为 LC 群.

例　令 $G=\mathrm{GL}_n(\mathbb{R})$ 是 $\mathbb{R}$ 上 $n\times n$ 可逆矩阵群. 因 $\mathrm{GL}_n(\mathbb{R})\subset\mathrm{Mat}_n(\mathbb{R})\cong\mathbb{R}^{n^2}$, 在 G 上有一个自然的局部紧、σ 紧拓扑. 群的运算由矩阵乘法和逆给出, 因此它是连续的.

为推广 Riemann 积分, 我们给出它的不同的描述. 设 f 是 $\mathbb{R}$ 上具有紧支集的实值连续函数, 且对每一个 $x\in\mathbb{R}$, $f(x)\geqslant 0$. 那么 f 的 Riemann 积分可由控制 f 的 Riemann 阶梯函数的积分的下确界所给出. 它可描述如下: 设 $n\in\mathbb{N}$, 记 $\mathbf{1}_n$ 为区间 $\left[-\frac{1}{2n},\frac{1}{2n}\right]$ 的特征函数. 那么存在 $x_1,x_2,\cdots,x_m\in\mathbb{R}$ 以及 $c_1,\cdots,c_m>0$, 使得

$$f(x)\leqslant\sum_{j=1}^{m}c_j\mathbf{1}_n(x_j+x).$$

记 $(f:\mathbf{1}_n)$ 为下面的下确界:

$$\inf\left\{\sum_{j=1}^{m}c_j\,\middle|\,c_1,\cdots,c_m>0,\text{且存在}x_1,\cdots,x_m\in\mathbb{R},\text{使}f(x)\leqslant\sum_{j=1}^{m}c_j\mathbf{1}_n(x_j+x)\right\}.$$

那么 Riemann 积分可描述为

$$\int_{-\infty}^{\infty}f(x)\mathrm{d}x=\lim_{n\to\infty}\frac{1}{n}(f:\mathbf{1}_n).$$

在一般的 LC 群 G 上, 用零元的任一邻域来代替区间 $\left[-\frac{1}{2n},\frac{1}{2n}\right]$. 然而, 这长度因子 $\frac{1}{n}$ 的替代物可能不是立刻能看清楚的, 因此, 还需要进一步给出 Riemann 积分

的描述. 记区间[0,1]的特征函数为 f_0, 那么对 $n \in \mathbb{N}$,

$$(f_0 : \mathbf{1}_n) = n.$$

因此

$$\int_{-\infty}^{\infty} f(x)\mathrm{d}x = \lim_{n\to\infty} \frac{(f : \mathbf{1}_n)}{(f_0 : \mathbf{1}_n)}.$$

在一般 LC 群 G 的情况下, 用零元的紧邻域 U 的特征函数代替 $\mathbf{1}_n$. 固定非零函数 $f_0 \geqslant 0$, 令邻域 U 收缩于 $\{e\}$, 并定义

$$\int_G f(x)\mathrm{d}x = \lim_{U\to\{e\}} \frac{(f : \mathbf{1}_U)}{(f_0 : \mathbf{1}_U)}.$$

这里的困难在于说明极限存在.

这个构造给出了所谓的 Haar 积分的存在性. 为解释此概念, 令 G 是 LC 群. 回顾度量空间 X 上的函数 f 的支集是指下面的集合:

$$\mathrm{supp}(f) \overset{\mathrm{def}}{=\!=} \overline{\{x \in X | f(x) \neq 0\}},$$

其中上面的直线表示闭包.

记 $C_c(G)$表示所有从 G 到 $\mathbb{C}$ 的具有紧支集的连续函数组成的复向量空间. 对一个给定的复向量空间 V, 线性映射 $L : V \to \mathbb{C}$ 也称为 V 上的线性泛函. 称函数 $f \in C_c(G)$ 是非负的, 若对每一个 $x \in G$, $f(x) \geqslant 0$. $C_c(G)$ 上的线性泛函 I 称为一个积分, 如对 $f \in C_c(G)$,

$$f \geqslant 0 \Longrightarrow I(f) \geqslant 0.$$

例　令 $x \in G$ 且 $\delta_x(f) = f(x)$, 其中 $f \in C_c(G)$. 那么 δ_x 是一个积分, 称为在 x 处的 Dirac 分布.

也记

$$I(f) = \int_G f(x)\mathrm{d}x.$$

当 $f, g \in C_c(G)$ 为实值时, 如 $f - g \geqslant 0$, 那么记为 $f \geqslant g$. 由此推出

$$f \geqslant g \Longrightarrow I(f) \geqslant I(g).$$

下面的引理经常用到.

引理 8.1.1　对 G 上每一个积分, 有

$$\left|\int_G f(x)\mathrm{d}x\right| \leqslant \int_G |f(x)|\mathrm{d}x.$$

证明 首先注意到, 因积分是 $\mathbb{C}$ 线性并映射实值函数到 $\mathbb{R}$, 有

$$\mathrm{Re}\left(\int_G f(x)\mathrm{d}x\right) = \int_G \mathrm{Re}(f(x))\mathrm{d}x.$$

为证明引理, 用绝对值为 1 的复数 θ 去乘 f 而并不改变问题中不等式两边的值. 因此, 可以假设 $\int_G f(x)\mathrm{d}x$ 是实值. 这样, 如果已对实值函数证明了结论, 那么因 $|\mathrm{Re}(f(x))| \leqslant |f(x)|$,

$$\begin{aligned}\left|\int_G f(x)\mathrm{d}x\right| &= \left|\mathrm{Re}\left(\int_G f(x)\mathrm{d}x\right)\right| = \left|\int_G \mathrm{Re}(f(x))\mathrm{d}x\right| \\ &\leqslant \int_G |\mathrm{Re}(f(x))|\mathrm{d}x \leqslant \int_G |f(x)|\mathrm{d}x.\end{aligned}$$

所以只需对实值函数证明结论. 令

$$f_{\pm} = \max\{\pm f, 0\}.$$

那么 $f_{\pm} \in C_c(G)$, 函数 $f_{\pm}$ 是非负的, 且有 $f = f_+ - f_-$ 及 $|f| = f_+ + f_-$. 因此

$$\begin{aligned}\left|\int_G f(x)\mathrm{d}x\right| &= \left|\int_G f_+(x)\mathrm{d}x - \int_G f_-(x)\mathrm{d}x\right| \\ &\leqslant \left|\int_G f_+(x)\mathrm{d}x\right| + \left|\int_G f_-(x)\mathrm{d}x\right| \\ &= \int_G f_+(x)\mathrm{d}x + \int_G f_-(x)\mathrm{d}x = \int_G |f(x)|\mathrm{d}x.\end{aligned}$$

这样完成了引理的证明. □

设 $s \in G$ 且 $f \in C_c(G)$. 对 $x \in G$, 令

$$L_s f(x) = f(s^{-1}x)$$

为关于 s 的左平移. 那么函数 $L_s f$ 仍在 $C_c(G)$ 中, 并对 $s, t \in G$ 满足 $L_s(L_t f) = L_{st} f$ 及 $L_1 f = f$. 这样由左平移, 群 G 作用于 $C_c(G)$. 积分 $I : C_c(G) \to \mathbb{C}$ 称为不变或左不变的, 如果对一切 $f \in C_c(G)$ 及 $s \in G$,

$$I(L_s f) = I(f).$$

运用上面的记号, 注意到积分 $\int_G \mathrm{d}x$ 是不变的当且仅当对每一个 $f \in C_c(G)$ 和 $y \in G$, 有

$$\int_G f(yx)\mathrm{d}x = \int_G f(x)\mathrm{d}x.$$

考虑例子 $G=\mathbb{R}$ 及线性泛函

$$\begin{aligned} I: C_c(\mathbb{R}) &\longrightarrow \mathbb{C}, \\ f &\longmapsto I(f)=\int_{-\infty}^{\infty} f(x)\mathrm{d}x. \end{aligned}$$

这样给出了 $G=\mathbb{R}$ 上一个不变的积分, 称为 Riemann 积分.

本章的目的是推广这个线性映射 I 到任意的 G 的情况.

定理 8.1.2 存在 G 的非零的不变积分 I. 如果 I' 是另一个非零的不变积分, 那么存在常数 $c>0$, 使得 $I'=cI$. 任意这样的不变积分称之为 Haar 积分.

上述定理的唯一性指的是在带有数量因子的意义之下. 此定理的证明将在附录 B 中给出.

推论 8.1.3 对每一个非零不变积分 I 和每一个满足 $g\geqslant 0$ 的 $C_c(G)$ 中的 g, $I(g)=0$ 蕴含了 $g=0$.

证明 设 $g\in C_c(G)$ 满足 $g\geqslant 0$ 且 $g\neq 0$. 需证明 $I(g)\neq 0$①. 为此, 选取 $f\in C_c(G)$ 满足 $f\geqslant 0$ 且 $I(f)\neq 0$. 因为 $g\neq 0$, 存在 $x_1,\cdots,x_n\in G$ 及 $c_1,\cdots,c_n>0$, 使得

$$f\leqslant \sum_{j=1}^{n} c_j L_{x_j} g.$$

因此

$$0<I(f)\leqslant \sum_{j=1}^{n} c_j I(L_{x_j}g)=\left(\sum_{j=1}^{n} c_j\right) I(g).$$

于是 $I(g)\neq 0$. □

引理 8.1.4 空间 $C_c(G)$ 按如下内积构成准 Hilbert 空间

$$\langle f,g\rangle=\int_G f(x)\overline{g(x)}\mathrm{d}x.$$

证明 仅需说明的是正定性. 设 $f\in C_c(G)$ 且满足 $\langle f,f\rangle=0$. 因函数 $|f|^2\in C_c(G)$ 非负②, 推论 8.1.3 表明 $|f|^2=0$, 从而 $f=0$. □

$C_c(G)$ 的 Hilbert 空间完备化称作 $L^2(G)$. 它并不依赖于 Haar 积分的选择, 因为不同的选择导致内积的变化仅仅在于一个数量因子.

Haar 积分的例子

- $\mathbb{R}$ 上的 Haar 积分由 $I(f)=\int_{-\infty}^{\infty} f(x)\mathrm{d}x$ 给出.

---

① 原书此处误写为 $I(G)\neq 0$.—— 译者注

② 原书此处写为 "正的".—— 译者注

- $\mathbb{R}/\mathbb{Z}$ 上的 Haar 积分由 $I(f)=\int_0^1 f(x)\mathrm{d}x$ 给出.
- 乘群 $\mathbb{R}_+^\times$ 上的 Haar 积分由 $I(f)=\int_0^\infty f(x)\frac{\mathrm{d}x}{x}$ 给出.
- 所有 $n\times n$ 可逆矩阵群 $\mathrm{GL}_n(\mathbb{R})$ 是 LC 群, 这将在第 9 章证明. 这里给出其上的 Haar 积分为 (见习题 8.7)

$$I(f)=\int_{-\infty}^{\infty}\cdots\int_{-\infty}^{\infty} f\begin{pmatrix} a_{1,1} & \cdots & a_{1,n} \\ \vdots & & \vdots \\ a_{n,1} & \cdots & a_{n,n}\end{pmatrix}\frac{\mathrm{d}a_{1,1}\cdots\mathrm{d}a_{n,n}}{|\det(a)|^n}.$$

8.2 Fubini 定理

令 G 和 H 是可度量化、σ 紧、局部紧群. 那么笛卡儿积 $G\times H$ 是相同类型的群, 因此它有 Haar 积分. 我们将说明 $G\times H$ 上的 Haar 积分由 G 和 H 上的 Haar 积分的乘积所给出.

定理 8.2.1 令 $I_G(g)=\int_G g(x)\mathrm{d}x$ 是 G 上的一个 Haar 积分, 那么对每一个 $f\in C_c(G\times H)$, 函数

$$y\longmapsto I_G(f(\cdot,y))=\int_G f(x,y)\mathrm{d}x$$

在 $C_c(H)$ 中. 令 $I_H(h)=\int_H h(y)\mathrm{d}y$ 是 H 上的 Haar 积分. 那么 $G\times H$ 上的 Haar 积分由

$$I(f)=\int_H\int_G f(x,y)\mathrm{d}x\mathrm{d}y$$

给出. 由于运算也可从另一次序进行, 并得出相同结果, 因此

$$\int_H\int_G f(x,y)\mathrm{d}x\mathrm{d}y=\int_G\int_H f(x,y)\mathrm{d}y\mathrm{d}x.$$

证明 称 $C_c(G)$ 中点列 g_n 收敛③到 $C_c(G)$ 中函数 g, 如果 g_n 在 G 上一致收敛于 g 且存在紧集 $K\subset G$, 使得对每一个 $n\in\mathbb{N}$, $\mathrm{supp}(g_n)\subset K$, 那么由此可推出 g 的支集也包含在 K 中.

引理 8.2.2 如果序列 g_n 在 $C_c(G)$ 中收敛于 g, 那么 $I(g_n)$ 收敛到 $I(g)$.

证明 令 $K\subset G$ 为紧集, 使对每一个 n, $\mathrm{supp}(g_n)\subset K$. 又令 $\chi\in C_c(G)$ 满足在 K 上 $\chi\equiv 1$ 并且 $\chi\geqslant 0$. 记 $c=\int_G\chi(x)\mathrm{d}x$. 对 $\varepsilon>0$, 存在自然数 n_0, 使当

③ 读者应意识到这个概念并没有充分描述 $C_c(G)$ 上通常的归纳极限拓扑. 然而, 如仅考虑到 $\mathbb{C}$ 的线性映射, 那么只需考虑这里给出的点列即可. —— 作者注

$n \geqslant n_0$ 时, 对所有的 $x \in G$, $|g_n(x) - g(x)| < \varepsilon/c$. 这样对 $n \geqslant n_0$, 有

$$\begin{aligned}\left|\int_G g_n(x)\mathrm{d}x - \int_G g(x)\mathrm{d}x\right| &= \left|\int_G g_n(x) - g(x)\mathrm{d}x\right| \\ &\leqslant \int_G |g_n(x) - g(x)|\mathrm{d}x \\ &= \int_G \chi(x)|g_n(x) - g(x)|\mathrm{d}x \\ &< \frac{\varepsilon}{c}\int_G \chi(x)\mathrm{d}x = \varepsilon.\end{aligned}$$

由此得到引理. □

现令 $f \in C_c(G \times H)$, y_n 是 H 中收敛于 y 的点列. 令 $g_n(x) = f(x, y_n)$. 因为 f 是一致连续的, 故 g_n 收敛于 $g(x) = f(x, y)$. 这蕴含了函数

$$y \longmapsto I_G(f(\cdot, y)) = \int_G f(x, y)\mathrm{d}x$$

是连续的.

投影 $G \times H \to H$ 是连续映射, 因此 f 的支集的象在 H 中是紧的. 对于象集外面的 y 及所有 $x \in G$, $f(x, y) = 0$. 故 $I_G(f(\cdot, y)) = 0$. 从而函数 $y \mapsto I_G(f(\cdot, y))$ 在 $C_C(H)$ 中. 因此定义

$$I_1(f) = \int_H \int_G f(x, y)\mathrm{d}x\mathrm{d}y$$

是有意义的. 令 $s = (x_0, y_0) \in G \times H$, 那么

$$\begin{aligned}I_1(L_s f) &= \int_H \int_G f(x_0^{-1}x, y_0^{-1}y)\mathrm{d}x\mathrm{d}y = \int_H \int_G f(x, y_0^{-1}y)\mathrm{d}x\mathrm{d}y \\ &= \int_H \int_G f(x, y)\mathrm{d}x\mathrm{d}y = I_1(f).\end{aligned}$$

因此 I_1 是 Haar 积分. 同理可知

$$I_2(f) = \int_G \int_H f(x, y)\mathrm{d}y\mathrm{d}x$$

也是 Haar 积分, 并且这两个积分仅相差一个数量因子. 为看出这个数量因子实际上为 1, 只需通过一个 $C_c^+(G \times H)\backslash\{0\}$ 中函数的例子. 令 $g \in C_c^+(G)$ 且 $h \in C_c^+(H)$ 均非零, 令 $f(x, y) = g(x)h(y)$, 那么 $f \in C_c^+(G \times H)$ 是非零的, 且

$$I_1(f) = \int_G g(x)\mathrm{d}x \cdot \int_H h(y)\mathrm{d}y = I_2(f).$$

定理得证. □

一般的 Fubini 定理是说, 在测度空间上, 在绝对收敛的情况下, 可以交换积分的次序. 下面将仅证明 Haar 积分的一个特殊情形, 足以满足我们的需要.

令 $f : G \to [0, \infty)$ 是连续的, 定义

$$\int_G f(x)\mathrm{d}x = \sup_{\substack{\varphi \in C_c(G) \\ 0 \leqslant \varphi \leqslant f}} \int_G \varphi(x)\mathrm{d}x \in [0, \infty].$$

设 g 是另一个从 G 到 $[0, \infty)$ 的连续函数. 对于 $\varphi, \psi \in C_c^+(G)$ 满足 $\varphi \leqslant f$ 及 $\psi \leqslant g$, 则有 $\varphi + \psi \leqslant f + g$, 此蕴含了

$$\int_G f(x)\mathrm{d}x + \int_G g(x)\mathrm{d}x \leqslant \int_G (f(x) + g(x))\mathrm{d}x.$$

另一方面, 每一个满足 $\eta \leqslant f + g$ 的 $\eta \in C_c^+(G)$, 可写作和式 $\eta = \varphi + \psi$, 这里 φ, ψ 满足上面条件, 由此推出等式成立. 所以

$$\int_G (f(x) + g(x))\mathrm{d}x = \int_G f(x)\mathrm{d}x + \int_G g(x)\mathrm{d}x.$$

令 $L_{bc}^1(G)$ 是所有 $f : G \to \mathbb{C}$ 的函数集合, 这里 f 有界且连续, 并满足

$$\|f\|_1 = \int_G |f(x)|\mathrm{d}x < \infty.$$

类似地, 令 $L_{bc}^2(G)$ 是所有有界且连续函数 f 的集合, 且 f 满足

$$\|f\|_2 = \int_G |f(x)|^2\mathrm{d}x < \infty.$$

那么 $L_{bc}^1(G)$ 是 $L_{bc}^2(G)$ 的子集, 并且两者都是复向量空间. 后者实际上按内积④

$$\langle f, g \rangle = \int_G f(x)\overline{g(x)}\mathrm{d}x$$

构成准 Hilbert 空间.

令 $f \in L_{bc}^1(G)$, 那么 $f = u + \mathrm{i}v$, 这里 $u, v \in L_{bc}^1(G)$⑤为实值函数. 现记 $u_+(x) = \max(u(x), 0)$ 且 $u_-(x) = \max(-u(x), 0)$, 那么 $u_\pm$ 均为非负连续函数, 且 $u_\pm \leqslant |f|$, 故 $u_\pm \in L_{bc}^1(G)$, 这样 $u = u_+ - u_-$. 类似地, $v = v_+ - v_-$. 从而 $f = (u_+ - u_-) + \mathrm{i}(v_+ - v_-)$. 现令

$$\int_G f(x)\mathrm{d}x = \int_G u_+\mathrm{d}x - \int_G u_-\mathrm{d}x + \mathrm{i}\left(\int_G v_+\mathrm{d}x - \int_G v_-\mathrm{d}x\right).$$

---

④ 原书此处写作 "scalar product".—— 译者注

⑤ 原书此处误写为 $L_{bc}^1(A)$.—— 译者注

那么 $\left|\int_G f(x)\mathrm{d}x\right| \leqslant \int_G |f(x)|\mathrm{d}x.$

现令 H 是另一个 LC 群, 那么积 $G \times H$ 也是 LC 群. 固定 H 上的一个 Haar 积分.

引理 8.2.3 (Fubini 定理, 弱的形式) 设 $f \in L^1_{bc}(G \times H)$ 且设函数 $y \mapsto \int_G f(x,y)\mathrm{d}x$ 是在 $L^1_{bc}(H)$ 中, 并且交换 G 和 H 时, 相同的事实成立. 那么

$$\int_G \int_H f(x,y)\mathrm{d}y\mathrm{d}x = \int_H \int_G f(x,y)\mathrm{d}x\mathrm{d}y.$$

证明 直接从定义和定理 8.2.1 可得出. □

8.3 卷 积

现回到 Abel 群. 设 A 是一个 LCA 群. 固定一个 Haar 积分 $\int_A \mathrm{d}x$. 令 $\hat{A}$ 是对偶群, 即所有特征 $\chi : A \to \mathbb{T}$ 的群. 对于 $f \in L^1_{bc}(A)$, 令 $\hat{f} : \hat{A} \to \mathbb{C}$ 是其 Fourier 变换, 定义为

$$\hat{f}(\chi) = \int_A f(x)\overline{\chi(x)}\mathrm{d}x.$$

这里 Fourier 变换的定义与 3.3 节中群 $\mathbb{R}$ 上的 Fourier 变换的定义相一致. 为看出这一点, 令 $x \in \mathbb{R}$ 且 φ_x 是关联于 x 的特征, 即 $\varphi_x(y) = \mathrm{e}^{2\pi \mathrm{i} xy}$, 那么对于 $f \in L^1_{bc}(\mathbb{R})$, 有

$$\hat{f}(\varphi_x) = \int_{\mathbb{R}} f(y)\overline{\varphi_x(y)}\mathrm{d}y = \int_{-\infty}^{\infty} f(y)\mathrm{e}^{-2\pi \mathrm{i} xy}\mathrm{d}y = \hat{f}(x),$$

其中第一个 $\hat{f}$ 是 Fourier 变换的新的定义, 而第二个 $\hat{f}$ 是原来的定义. 它表明这里使用相同记号是恰当的.

因群 $\mathbb{R}/\mathbb{Z}$ 的对偶是 $\mathbb{Z}$, 故 Fourier 变换 $\hat{f}$ 是 $\mathbb{Z}$ 上的函数. 对于 $k \in \mathbb{Z}$,

$$\hat{f}(k) = \int_{\mathbb{R}/\mathbb{Z}} f(y)\mathrm{e}^{-2\pi \mathrm{i} ky}\mathrm{d}y = c_k(f).$$

因此, 在 $\mathbb{R}/\mathbb{Z}$ 的情况下, 抽象 Fourier 变换简单地通过取 k 阶 Fourier 系数给出. 由此看出, 抽象 Fourier 变换既推广了 Fourier 级数理论, 又推广了直线上 Fourier 变换理论.

定理 8.3.1 设 $f, g \in L^1_{bc}(A)$. 那么积分

$$f * g(x) = \int_A f(xy^{-1})g(y)\mathrm{d}y$$

对每一个 $x \in A$ 存在, 且定义了函数 $f * g \in L^1_{bc}(A)$. 应用 Fourier 变换, 对每一个 $\chi \in \hat{A}$, 有

$$\widehat{f * g}(\chi) = \hat{f}(\chi)\hat{g}(\chi).$$

注意到对于群 $\mathbb{R}$, 此处卷积的定义与 3.2 节中的定义一致, 且上述定理的第二个结论是定理 3.3.1(c) 的一般化.

证明　假定对每一个 $x \in A$ 有 $|f(x)| \leqslant C$. 那么

$$\int_A |f(xy^{-1})g(y)|\mathrm{d}y \leqslant C \int_A |g(y)|\mathrm{d}y = C\|g\|_1.$$

因此积分存在, 且函数 $f * g$ 是有界的. 下面证明它是连续的. 令 $x_0 \in A$. 设对所有的 $x \in A$, $|f(x)|, |g(x)| \leqslant C$, 且还有 $g \neq 0$. 对给定的 $\varepsilon > 0$, 存在函数 $\varphi \in C_c^+(A)$ 使得 $\varphi \leqslant |g|$, 且[⑥]

$$\int_A \big(|g(y)| - \varphi(y)\big)\mathrm{d}y < \frac{\varepsilon}{4C}.$$

因 f 在紧集上一致连续, 因此存在单位元的邻域 V, 使得对于 $x \in Vx_0$ 及 $y \in \mathrm{supp}\varphi$, 有 $|f(xy^{-1}) - f(x_0y^{-1})| < \varepsilon/2\|g\|_1$. 由此, 对 $x \in Vx_0$,

$$\int_A |f(xy^{-1}) - f(x_0y^{-1})|\varphi(y)\mathrm{d}y \leqslant \frac{\varepsilon}{2\|g\|_1}\int_A \varphi(y)\mathrm{d}y \leqslant \frac{\varepsilon}{2}.$$

另一方面[⑦],

$$\begin{aligned}&\int_A |f(xy^{-1}) - f(x_0y^{-1})|(|g(y)| - \varphi(y))\mathrm{d}y\\ \leqslant\ & 2C\int_A \big(|g(y)| - \varphi(y)\big)\mathrm{d}y < \frac{\varepsilon}{2}.\end{aligned}$$

因此, 对于 $x \in x_0V$, 有

$$\begin{aligned}|f * g(x) - f * g(x_0)| &= \left|\int_A (f(xy^{-1}) - f(x_0y^{-1}))g(y)\mathrm{d}y\right|\\ &\leqslant \int_A |f(xy^{-1}) - f(x_0y^{-1})||g(y)|\mathrm{d}y\\ &= \int_A |f(xy^{-1}) - f(x_0y^{-1})|(((|g(y)| - \varphi(y)) + \varphi(y))\mathrm{d}y\\ &\leqslant \frac{\varepsilon}{2} + \frac{\varepsilon}{2} = \varepsilon.\end{aligned}$$

⑥ 原书下式左边的被积函数外遗漏了括号.—— 译者注
⑦ 原书下式第二行左边的被积函数外遗漏了括号.—— 译者注

这样函数 $f*g$ 在 x_0 处连续. 为看出 $\|f*g\|_1<\infty$, 有

$$\begin{aligned}\|f*g\|_1 &= \int_A |f*g(x)|\mathrm{d}x = \int_A \left|\int_A f(xy^{-1})g(y)\mathrm{d}y\right|\mathrm{d}x\\ &\leqslant \int_A\int_A |f(xy^{-1})g(y)|\mathrm{d}y\mathrm{d}x\\ &= \int_A\int_A |f(xy^{-1})g(y)|\mathrm{d}x\mathrm{d}y\\ &= \int_A |f(x)|\mathrm{d}x\int_A |g(y)|\mathrm{d}y = \|f\|_1\|g\|_1,\end{aligned}$$

这里应用了 Fubini 定理及 Haar 积分的不变性. 最后, 取其 Fourier 变换, 得到

$$\begin{aligned}\widehat{f*g}(\chi) &= \int_A f*g(x)\overline{\chi(x)}\mathrm{d}x\\ &= \int_A\int_A f(xy^{-1})g(y)\overline{\chi(x)}\mathrm{d}y\mathrm{d}x\\ &= \int_A\int_A f(y^{-1}x)g(y)\overline{\chi(x)}\mathrm{d}x\mathrm{d}y\\ &= \int_A\int_A f(x)g(y)\overline{\chi(yx)}\mathrm{d}x\mathrm{d}y\\ &= \int_A f(x)\overline{\chi(x)}\mathrm{d}x\int_A g(y)\overline{\chi(y)}\mathrm{d}y\\ &= \hat{f}(\chi)\hat{g}(\chi).\end{aligned}$$

定理证毕. □

8.4 Plancherel 定理

在后面将应用下面的引理.

引理 8.4.1 设 A 是紧 Abel 群. 取定 Haar 积分, 使

$$\int_A 1\mathrm{d}x = 1.$$

那么对任意两个特征 $\chi,\eta\in\hat{A}$, 有

$$\int_A \chi(x)\overline{\eta(x)}\mathrm{d}x = \begin{cases}1, & 若\ \chi=\eta,\\ 0, & 其他.\end{cases}$$

证明 如果 $\chi=\eta$, 那么 $\chi(x)\overline{\eta(x)}=1$, 故此时结论成立. 现设 $\chi\neq\eta$. 那么 $\alpha=\chi\bar{\eta}=\chi\eta^{-1}\neq 1$, 因此, 存在 $a\in A$ 使 $\alpha(a)\neq 1$. 由 Haar 积分的不变性,

$$\alpha(a)\int_A \alpha(x)\mathrm{d}x = \int_A \alpha(ax)\mathrm{d}x = \int_A \alpha(x)\mathrm{d}x.$$

因此

$$(\alpha(a)-1)\int_A \alpha(x)\mathrm{d}x = 0.$$

由此知

$$\int_A \alpha(x)\mathrm{d}x = 0. \qquad \square$$

定理 8.4.2 设 A 是 LCA 群. 那么 $\hat{A}$ 上存在唯一的 Haar 测度使得对每一个 $f \in L^1_{bc}(A)$,

$$\|f\|_2 = \|\hat{f}\|_2.$$

也就是说, 对于 $f \in L^1_{bc}(A)$, 其 Fourier 变换 $\hat{f}$ 在 $L^2_{bc}(\hat{A})$ 中, 并且 Fourier 变换延拓为完备化的 $L^2(A) \to L^2(\hat{A})$ 的 Hilbert 空间同构.

此定理再一次表明抽象调和分析是如何一般化了 Fourier 级数理论和直线上的 Fourier 变换理论. 如果特别运用上述定理到群 $\mathbb{R}/\mathbb{Z}$ 的情况, 对于 $f \in L^1_{bc}(\mathbb{R}/\mathbb{Z})$, 有

$$\int_0^1 |f(x)|^2\mathrm{d}x = \|f\|_2^2 = \|\hat{f}\|_2^2 = \sum_{k\in\mathbb{Z}} |\hat{f}(k)|^2 = \sum_{k\in\mathbb{Z}} |c_k(f)|^2.$$

对于引理 1.3.1 而言, 此结果蕴含了 Fourier 级数的完全性 (见定理 1.4.4). 上述定理很显然也是直线上 Fourier 变换的 Plancherel 定理 (定理 3.5.2) 的一般化.

证明 在完全一般情形下定理的证明已超出本教程的范围, 有兴趣的读者可参见文献 [11]. 这里仅对离散群 A 的特殊情况给出其证明. 选取 Haar 积分

$$\int_A f(x)\mathrm{d}x = \sum_{a\in A} f(a).$$

对 $\chi \in \hat{A}$, 有 $\hat{f}(\chi) = \sum_{a\in A} f(a)\overline{\chi(a)}$. 在 $\hat{A}$ 上选取 Haar 积分并规范使得 $\int_{\hat{A}} 1\mathrm{d}a = 1$. 那么引理 8.4.1 可应用于 $\hat{A}$.

引理 8.4.3 对每一个 $g \in L^1_{bc}(A)$, 其 Fourier 变换 $\hat{g}$ 在 $C(\hat{A}) = L^1_{bc}(\hat{A})$ 中, 且对每一个 $a \in A$, 有

$$\hat{\hat{g}}(\delta_a) = g(a^{-1}).$$

证明 由对偶性, δ_a 是 $\hat{A}$ 中的特征. 应用引理 8.4.1, 得到

$$\begin{aligned}
\hat{\hat{g}}(\delta_a) &= \int_{\hat{A}} \hat{g}(\chi)\overline{\delta_a(\chi)}\mathrm{d}\chi = \int_{\hat{A}} \sum_{b\in A} g(b)\overline{\delta_b(\chi)\delta_a(\chi)}\mathrm{d}\chi \\
&= \int_{\hat{A}} \sum_{b\in A} g(b^{-1})\delta_b(\chi)\overline{\delta_a(\chi)}\mathrm{d}\chi \\
&= \sum_{b\in A} g(b^{-1}) \int_{\hat{A}} \delta_b(\chi)\overline{\delta_a(\chi)}\mathrm{d}\chi \\
&= g(a^{-1}).
\end{aligned}$$

这就证明了引理. □

为证明离散情形下的定理, 设 $f \in L^1_{bc}(A)$ 且令 $\tilde{f}(x) = \overline{f(x^{-1})}$. 令 $g = \tilde{f} * f$, 则

$$g(x) = \int_A \overline{f(yx^{-1})} f(y) \mathrm{d}y.$$

因此 $g(e) = \|f\|_2^2$, 这里 e 是 A 中的单位元. 由定理 8.3.1, 有

$$\hat{g}(\chi) = \hat{\tilde{f}}(\chi)\hat{f}(\chi) = \overline{\hat{f}(\chi)}\hat{f}(\chi) = |f(\chi)|^2.$$

因此

$$\begin{aligned} \|f\|_2^2 &= g(e) = \hat{\hat{g}}(\delta_e) = \int_{\hat{A}} \hat{g}(\chi)\overline{\chi(e)} \mathrm{d}\chi \\ &= \int_{\hat{A}} |\hat{f}(\chi)|^2 \mathrm{d}\chi = \|\hat{f}\|_2^2. \end{aligned}$$

这就在 A 是离散群的情形下证明了定理. □

8.5 习　　题

习题 8.1　设 G 是离散群. 证明:

$$I(f) = \sum_{x \in G} f(x)$$

对于 $f \in C_c(G)$ 是有意义的, 且定义了 G 上的 Haar 积分.

习题 8.2　证明: 对每一个开集 $V \subset G$, 存在非零函数 $\varphi \in C_c(G)$ 且满足 $\operatorname{supp}(\varphi) \subset V$. 证明: 对每一个紧子集 $K \subset G$, 存在函数 $\chi \in C_c(G)$, 使得在 K 上 $\chi = 1$.

提示: 固定度量 d, 并说明对给定的 $x_0 \in G$, 函数 $x \mapsto d(x, x_0)$ 是连续的.

习题 8.3　证明: 每一个 $f \in C_c(G)$ 都是一致连续的, 即对任意的 $\varepsilon > 0$, 存在单位元的邻域 V, 使得对 $x, y \in G$, 有

$$x^{-1}y \in V \implies |f(x) - f(y)| < \varepsilon.$$

习题 8.4　记 B 是如下定义的 $\mathrm{GL}_2(\mathbb{R})$ 的子群

$$B = \left\{ \begin{pmatrix} 1 & b \\ & c \end{pmatrix} \,\middle|\, b, c \in \mathbb{R}, c \neq 0 \right\}.$$

证明:

$$I(f) = \int_{\mathbb{R}^\times} \int_{\mathbb{R}} f\left(\begin{pmatrix} 1 & b \\ & c \end{pmatrix} \right) \mathrm{d}b \frac{\mathrm{d}c}{c}$$

是 B 上的 Haar 积分, 且 I 不是右不变的, 即存在 $z \in B$ 及 $f \in C_c(B)$ 使得 $I(R_z f) \neq I(f)$, 其中 $R_z f(x) = f(xz)$.

习题 8.5　令 G 是具有 Haar 积分的 LC 群. 证明：对于 $x \in G$, 映射

$$f \longmapsto \int_G f(xy)\mathrm{d}y$$

也是一个 Haar 积分. 从 Haar 积分的唯一性知, 存在函数 $\Delta : G \to \mathbb{R}_+^\times$, 使得对每一个 $f \in C_c(G)$,

$$\int_G f(xy)\mathrm{d}x = \Delta(y) \int_G f(x)\mathrm{d}x$$

成立. 证明：Δ 是一个连续的群同态. 函数 Δ 称为 G 的模函数. 证明：Δ 是平凡的当且仅当 G 的 Haar 积分也是右不变的, 在此情形下, 称 G 是幺模的.

习题 8.6　证明：紧群 K 是幺模的, 并对每一个 $f \in C(K)$,

$$\int_K f(k)\mathrm{d}k = \int_K f(k^{-1})\mathrm{d}k.$$

提示：说明模函数的象是平凡的.

习题 8.7　证明：群 $\mathrm{GL}_2(\mathbb{R})$ 上的 Haar 积分由下式给出：

$$I(f) = \int_{-\infty}^{\infty}\int_{-\infty}^{\infty}\int_{-\infty}^{\infty}\int_{-\infty}^{\infty} f\begin{pmatrix} x & y \\ z & w \end{pmatrix} \frac{\mathrm{d}x\mathrm{d}y\mathrm{d}z\mathrm{d}w}{|xw - yz|^2}.$$

习题 8.8　证明：对一般的 LCA 群 A, 卷积 $*$ 满足下面的等式：对所有的 $f, g, h \in L_{bc}^1(A)$,

$$f * g = g * f, \quad f * (g * h) = (f * g) * h, \quad f * (g + h) = f * g + f * h.$$

习题 8.9　证明：Hilbert 空间 $L^2(A)$ 是准 Hilbert 空间 $L_{bc}^2(A)$ 的完备化, 这里 $L^2(A)$ 由 $C_c(A)$ 的完备化所定义.

第三部分

非 交 换 群

第9章　矩　阵　群

如同 $\mathrm{GL}_n(\mathbb{C})$ 和 $\mathrm{U}(n)$ 的矩阵群是最重要的非交换拓扑群, 因为它们作为变换群自然地出现在各种概念中.

9.1　$\mathrm{GL}_n(\mathbb{C})$ 和 $\mathrm{U}(n)$

设 n 为自然数. 在复 $n\times n$ 矩阵向量空间 $\mathrm{Mat}_n(\mathbb{C})$ 上定义范数:

$$\|A\|_1=\sum_{i,j=1}^{n}|a_{i,j}|,$$

其中 $A=(a_{i,j})$. 由范数定义度量 $d_1(A,B)=\|A-B\|_1$. 另一方面, 在向量空间 $\mathrm{Mat}_n(\mathbb{C})\cong\mathbb{C}^{n^2}$ 上有一个自然的内积, 它产生了第二个范数, 称之为 Euclid 范数

$$\|A\|_2=\sqrt{\sum_{i,j=1}^{n}|a_{i,j}|^2}.$$

由此得到另一个度量 $d_2(A,B)=\|A-B\|_2$.

引理 9.1.1　矩阵序列 $A^{(k)}=(a_{i,j}^{(k)})$ 依度量 d_1 收敛当且仅当对每一对固定的指标 (i,j), 序列 $a_{i,j}^{(k)}$ 在 $\mathbb{C}$ 中收敛. 同样的事实对度量 d_2 也成立. 因此度量 d_1 和 d_2 等价.

证明　设序列 $A^{(k)}=(a_{i,j}^{(k)})$ 依度量 d_1 收敛于 $A=(a_{i,j})\in\mathrm{Mat}_n(\mathbb{C})$, 那么对任意的 $\varepsilon>0$, 存在 $k_0\in\mathbb{N}$, 使得对所有的 $k\geqslant k_0$, 有

$$\|A^{(k)}-A\|_1<\varepsilon.$$

令 $i_0,j_0\in\{1,2,\cdots,n\}$, 那么由此可知, 对于 $k\geqslant k_0$,

$$|a_{i_0,j_0}^{(k)}-a_{i_0,j_0}|\leqslant\sum_{i,j}|a_{i,j}^{(k)}-a_{i,j}|=\|A^{(k)}-A\|_1<\varepsilon.$$

因此, 每一个元素序列收敛. 反之, 如对每一对指标 (i,j), $a_{i,j}^{(k)}\to a_{i,j}$, 那么对给定的 $\varepsilon>0$, 存在 $k_0(i,j)$, 使得当 $k\geqslant k_0(i,j)$ 时,

$$|a_{i,j}^{(k)}-a_{i,j}|<\frac{\varepsilon}{n^2}.$$

令 $k_0 = \max\{k_0(i,j) : i,j \in \{1,2,\cdots,n\}\}$, 那么当 $k \geqslant k_0$ 时,

$$\|A^{(k)} - A\|_1 = \sum_{i,j} |a_{i,j}^{(k)} - a_{i,j}| < \sum_{i,j} \frac{\varepsilon}{n^2} = \varepsilon.$$

因此, $A^{(k)}$ 依度量 d_1 收敛于 A. 度量 d_2 的情况类似. □

命题 9.1.2　对于上面给出的两类拓扑或度量, 复可逆群 $\mathrm{GL}_n(\mathbb{C})$ 是 LC 群, 即它是可度量的 σ 紧的局部紧群.

证明　首先注意到, 乘法和逆均可作为元素的有理函数给出. 因为多项式是连续的, 由此可知 $\mathrm{GL}_n(\mathbb{C})$ 是拓扑群. 作为局部紧空间 $\mathrm{Mat}_n(\mathbb{C})$ 的开子集, 它是局部紧的. 最后, 为看出它是 σ 紧的, 对于 $n \in \mathbb{N}$, 设

$$K_n = \{a \in \mathrm{GL}_n(\mathbb{C}) : \|a\|_1 \leqslant n,\ \|a^{-1}\|_1 \leqslant n\}.$$

那么 K_n 中每一个序列在有限维向量空间 $\mathrm{Mat}_n(\mathbb{C})$ 中必有收敛的子列. 而此收敛子列中又必有一个其逆也收敛的子列, 从而它的极限是可逆的. □

对于 $A \in \mathrm{Mat}_n(\mathbb{C})$, 令 A^* 是其复共轭转置矩阵①, 即如果 $A = (a_{i,j})$, 那么 $A^* = (\overline{a_{j,i}})$, 故 $A^* = \bar{A}^t$, 即 A 的转置的复共轭. 令

$$\mathrm{U}(n) = \{g \in \mathrm{Mat}_n(\mathbb{C}) |\ g^*g = \mathbf{1}\},$$

其中 $\mathbf{1}$ 为单位矩阵.

引理 9.1.3　$\mathrm{U}(n)$ 是 $\mathrm{GL}_n(\mathbb{C})$ 的紧子群.

证明　对于 $g \in \mathrm{Mat}_n(\mathbb{C})$, 等式 $g^*g = \mathbf{1}$ 表明 g 是可逆的, 并且 $g^* = g^{-1}$, 从而 $\mathrm{U}(n)$ 是 $\mathrm{GL}_n(\mathbb{C})$ 的子集. 设 $a, b \in \mathrm{U}(n)$, 为说明 $\mathrm{U}(n)$ 是一个子群, 需证明 $ab \in \mathrm{U}(n)$ 并且 $a^{-1} \in \mathrm{U}(n)$. 对于前者, $(ab)^*(ab) = b^*a^*ab = b^*b = \mathbf{1}$, 故 $ab \in \mathrm{U}(n)$. 关于后者, 注意到 $a^* = a^{-1}$ 蕴含了 $\mathbf{1} = aa^* = (a^*)^*a^*$, 故 $a^* = a^{-1} \in \mathrm{U}(n)$.

为看出 $\mathrm{U}(n)$ 紧的, 只需说明群 $\mathrm{U}(n)$ 在 $\mathrm{Mat}_n(\mathbb{C})$ 中闭并依 Euclid 范数有界 (见习题 6.11). 设 g_j 是 $\mathrm{U}(n)$ 中的序列, 且收敛于 $\mathrm{Mat}_n(\mathbb{C})$ 中的 g, 那么

$$\mathbf{1} = \lim_{j\to\infty} g_j^* g_j = \big(\lim_{j\to\infty} g_j\big)^* \big(\lim_{j\to\infty} g_j\big) = g^*g,$$

从而 $\mathrm{U}(n)$ 是闭的. 另外, 它也是有界的. 因对任意的 $a \in \mathrm{Mat}_n(\mathbb{C})$, 有

$$\begin{aligned}\mathrm{tr}(a^*a) &= \sum_{k=1}^n (a^*a)_{k,k} = \sum_{k=1}^n \sum_{j=1}^n a_{k,j}^* a_{j,k} \\ &= \sum_{k=1}^n \sum_{j=1}^n \overline{a_{j,k}} a_{j,k} = \sum_{k=1}^n \sum_{j=1}^n |a_{j,k}|^2 = \|a\|_2^2.\end{aligned}$$

因此, 对于 $g \in \mathrm{U}(n)$, $\|g\|_2 = \sqrt{\mathrm{tr}(\mathbf{1})} = \sqrt{n}$. 于是 $\mathrm{U}(n)$ 是有界的. □

① 原书称 A^* 为 A 的 "adjoint matrix", 现按国内教材的通用名称译为 "复共轭转置矩阵". —— 译者注

9.2 表　示

在非交换群的情形下, LCA 群特征的角色将由本节所引入的表示来扮演. 设 G 是一个 (可度量) 拓扑群, $(V, \langle\cdot,\cdot\rangle)$ 是 Hilbert 空间. 设 $\mathrm{GL}(V)$ 是所有可逆线性映射 $T: V \to V$ 的集合. G 在 V 上的一个表示是一个群同态 $\eta: G \to \mathrm{GL}(V)$, 使映射

$$\begin{aligned} G \times V &\to V, \\ (x, v) &\mapsto \eta(x)v \end{aligned}$$

是连续的. 称 η 是酉表示, 若对任意的 $x \in G$, 算子 $\eta(x)$ 在 V 上是酉算子, 即对任意的 $v, w \in V$ 及 $x \in G$, 有

$$\langle \eta(x)v, \eta(x)w \rangle = \langle v, w \rangle.$$

一个闭子空间 $W \subset V$ 称之为 η 不变的, 若对每一个 $x \in G$ 有 $\eta(x)W \subset W$. 若表示 η 没有闭的不变真子空间, 则称 η 是不可约的, 即 η 的唯一闭不变子空间是 0 或 V 本身.

例　恒等映射 $\rho:\ \mathrm{U}(n) \to \mathrm{GL}(\mathbb{C}^n) = \mathrm{GL}_n(\mathbb{C})$ 是酉表示.

引理 9.2.1　ρ 是不可约的.

证明　由定义, $\mathrm{U}(n)$ 是由 $\mathbb{C}^n$ 上所有关于标准内积 $\langle v, w \rangle = v^t \bar{w}$ 是酉算子的线性算子所组成. 令 $V \subset \mathbb{C}^n$ 是非零的真子空间, $W = V^\perp$ 是其正交空间, 即

$$W = \{w \in \mathbb{C}^n | \ \langle w, v \rangle = 0, v \in V\}.$$

那么 $\mathbb{C}^n = V \oplus W$. 设 $e_1, e_2, \cdots, e_l$ 是 V 的一个正交基, $e_{l+1}, e_{l+2}, \cdots, e_n$ 是 W 的一个正交基. 由习题 2.2 知, 如下定义的算子 T 是酉算子:

$$\begin{aligned} &T(e_1) = e_{l+1}, \quad T(e_{l+1}) = e_1, \\ &T(e_j) = e_j, \qquad \text{对于 } j \neq 1, l+1. \end{aligned}$$

从而 $T \in \mathrm{U}(n)$, 但 T 不能保持 V 不变. 因此, 不存在非平凡的不变子空间. □

9.3 指　数

由定义, $\mathrm{Mat}_n(\mathbb{C})$ 中形如 $\sum_{v=0}^{\infty} A_v$ 的级数收敛是指它的部分和序列 $s_k = \sum_{v=0}^{k} A_v$ 收敛.

命题 9.3.1　对每一个 $A \in \mathrm{Mat}_n(\mathbb{C})$, 级数

$$\exp(A) = \sum_{v=0}^{\infty} \frac{A_v}{v!}$$

收敛并定义了 $\mathrm{GL}_n(\mathbb{C})$ 中的一个元素. 若 $A, B \in \mathrm{Mat}_n(\mathbb{C})$, 满足 $AB = BA$, 那么 $\exp(A+B) = \exp(A)\exp(B)$. 特别地, 由此推出

$$\exp(-A) = \exp(A)^{-1}.$$

为证明上述命题, 需要下面两个引理.

引理 9.3.2　对于 $A, B \in \mathrm{Mat}_n(\mathbb{C})$, 有

$$\|AB\|_1 \leqslant \|A\|_1 \|B\|_1.$$

特别地, 对于 $j \in \mathbb{N}$, $\|A^j\|_1 \leqslant \|A\|_1^j$.

证明　回顾 $\mathrm{Mat}_n(\mathbb{C})$ 上的 1 范数, 对 $A = (a_{i,j})$,

$$\|A\|_1 = \sum_{i,j=1}^{n} |a_{i,j}|.$$

设 $A = (a_{i,j})$, $B = (b_{i,j})$, 那么

$$\begin{aligned}\|AB\|_1 &= \sum_{i,j=1}^{n} \left| \sum_{k=1}^{n} a_{i,k} b_{k,j} \right| \leqslant \sum_{i,j,k=1}^{n} |a_{i,k} b_{k,j}| \\ &\leqslant \sum_{i,j,k,l=1}^{n} |a_{i,k}| |b_{l,j}| = \|A\|_1 \|B\|_1.\end{aligned}$$

□

引理 9.3.3　设 $(A_v)_{v \geqslant 0}$ 是 $\mathrm{Mat}_n(\mathbb{C})$ 中的矩阵序列, 且 $\sum_{v=0}^{\infty} \|A_v\| < \infty$. 那么级数 $\sum_{v=0}^{\infty} A_v$ 在 $\mathrm{Mat}_n(\mathbb{C})$ 中收敛.

证明　记 $B_k = \sum_{v=0}^{k} A_v$, 需证明序列 $\{B_k\}$ 收敛. 为此只需证明该序列关于 $\|\cdot\|_1$ 是一个 Cauchy 列. 由于数列 $b_k = \sum_{v=0}^{k} \|A_v\|_1$ 在 $\mathbb{R}$ 中收敛, 故它是一个 Cauchy 列. 这样, 对任意给定的 $\varepsilon > 0$, 存在 k_0 使得当 $m \geqslant k \geqslant k_0$ 时,

$$\varepsilon > |b_m - b_k| = \sum_{v=k+1}^{m} \|A_v\|_1 \geqslant \| \sum_{v=k+1}^{m} A_v \|_1 = \|B_m - B_k\|_1.$$

这样, (B_k) 是 $\mathrm{Mat}_n(\mathbb{C})$ 中的 Cauchy 列, 从而收敛 (见习题 9.4).　□

现回到命题 9.3.1 的证明. 仅需证明 $\sum_{v=0}^{\infty} \frac{\|A^v\|_1}{v!} < \infty$. 事实上, 由指数级数在 $\mathbb{R}$ 中的收敛性, 有

$$\sum_{v=0}^{\infty} \frac{\|A^v\|_1}{v!} \leqslant \sum_{v=0}^{\infty} \frac{(\|A\|_1)^v}{v!} < \infty.$$

从而, 命题第一部分得证. 对于其余部分, 设 $A, B \in \mathrm{Mat}_n(\mathbb{C})$ 满足 $AB = BA$. 那么

$$\begin{aligned}\exp(A+B) &= \sum_{v=0}^{\infty} \frac{(A+B)^v}{v!} = \sum_{v=0}^{\infty} \frac{1}{v!} \sum_{k=0}^{v} \binom{v}{k} A^k B^{v-k} \\ &= \sum_{v=0}^{\infty} \sum_{k=0}^{v} \frac{1}{k!(v-k)!} A^k B^{v-k} = \exp(A)\exp(B).\end{aligned}$$

从而命题得证. □

命题 9.3.4 对每一个 $A \in \mathrm{Mat}_n(\mathbb{C})$, 有

$$\det\big(\exp(A)\big) = \exp\big(\mathrm{tr}(A)\big).$$

证明 设 $S \in \mathrm{GL}_n(\mathbb{C})$, 那么

$$\det\big(\exp(SAS^{-1})\big) = \det\big(S\exp(A)S^{-1}\big) = \det\big(\exp(A)\big)$$

及

$$\exp\big(\mathrm{tr}(SAS^{-1})\big) = \exp\big(\mathrm{tr}(A)\big),$$

这表明等式的两边关于矩阵的相似②变换是不变的. 由 Jordan 标准型理论, 每一个方阵都相似于一个上三角矩阵, 因此只需对上三角矩阵证明命题成立. 设

$$A = \begin{pmatrix} a_1 & & * \\ & \ddots & \\ & & a_n \end{pmatrix}.$$

那么, 对 $v \geqslant 0$,

$$A^v = \begin{pmatrix} {a_1}^v & & * \\ & \ddots & \\ & & {a_n}^v \end{pmatrix},$$

因此

$$\exp(A) = \begin{pmatrix} \mathrm{e}^{a_1} & & * \\ & \ddots & \\ & & \mathrm{e}^{a_n} \end{pmatrix},$$

由此得

$$\det\big(\exp(A)\big) = \mathrm{e}^{a_1} \cdots \mathrm{e}^{a_n} = \mathrm{e}^{a_1+\cdots+a_n} = \exp\big(\mathrm{tr}(A)\big).$$ □

② 原书此处称为 "conjugation", 按国内教材的通用名称译为 "相似". —— 译者注

设 $G \subset \mathrm{GL}_n(\mathbb{C})$ 是闭子群, G 的 Lie 代数定义为

$$\mathrm{Lie}(G) = \{X \in \mathrm{Mat}_n(\mathbb{C}) |\ \exp(tX) \in G,\ t \in \mathbb{R}\}.$$

例

- 特殊线性群 $\mathrm{SL}_n(\mathbb{C})$ 是 $\mathrm{Mat}_n(\mathbb{C})$ 中所有满足 $\det(A) = 1$ 的矩阵 A 组成的群. 它的 Lie 代数是

$$sl_n(\mathbb{C}) = \{X \in \mathrm{Mat}_n(\mathbb{C}) |\ \mathrm{tr}(A) = 0\}.$$

- 酉群 $\mathrm{U}(n)$ 的 Lie 代数是

$$u(n) = \{X \in \mathrm{Mat}_n(\mathbb{C}) |\ X^* = -X\},$$

其中 $X^* = \overline{X}^t$ 表示 X 的复共轭转置矩阵.

下面需要给出一个命题, 其证明并不难, 但需要一些微分几何知识, 而这些已超出本课程的范围, 因而证明就不在此给出.

命题 9.3.5　设 G 是 $\mathrm{GL}_n(\mathbb{C})$ 的闭子群, 那么 $\mathrm{Lie}(G)$ 是 $\mathrm{Mat}_n(\mathbb{C})$ 的实子向量空间. 若 X, Y 是 $\mathrm{Lie}(G)$ 中的元素, 那么

$$[X, Y] \xlongequal{\mathrm{def}} XY - YX$$

也是 $\mathrm{Lie}(G)$ 中的元素, 称 $[X, Y]$ 为 X 和 Y 的 Lie 括号. 令 $\pi : G \to \mathrm{GL}(V)$ 是一个有限维表示, 那么对每一个 $X \in \mathrm{Lie}(G)$, 映射

$$t \mapsto \pi\big(\exp(tX)\big), \quad t \in \mathbb{R}$$

是无穷次可微的. 设③

$$\pi(X) = \left.\frac{\mathrm{d}}{\mathrm{d}t}\right|_{t=0} \pi\big(\exp(tX)\big) \in \mathrm{End}(V).$$

那么映射 $X \mapsto \pi(X)$ 在 $\mathrm{Lie}(G)$ 上是线性的, 并满足

$$\pi\big([X, Y]\big) = \big[\pi(X), \pi(Y)\big],$$

其中等式右边的括号为 $\mathrm{End}(V)$ 中的交换子括号. 称 π 是 $\mathrm{Lie}(G)$ 的一个 Lie 代数表示.

证明　命题可由文献 [9] 中第 2 章的内容推出, 也可见习题 9.14. □

③ 这里及下面, $\mathrm{End}(V)$ 表示向量空间 V 的自同态环. —— 译者注

$GL_n(\mathbb{C})$ 的闭子群 G 称之为路径连通的, 如果 G 中任意两点 x, y 都能被一条连续曲线连接, 即存在连续映射 $\gamma : [0,1] \to G$, 使 $\gamma(0) = x$, $\gamma(1) = y$. 例如, 乘群 $\mathbb{R}^\times = GL_1(\mathbb{R})$ 不是路径连通的.

引理 9.3.6 若群 G 是路径连通的, 且 (π, V) 作为群 G 的表示是不可约的, 那么它作为 Lie 代数 $\mathrm{Lie}(G)$ 的表示也是不可约的, 即不存在真的子表示. 进一步, 如果 G 是路径连通且 π 和 π' 作为 Lie 代数的表示是同构的, 那么它们作为 G 表示也是同构的.

证明 由 Taylor 公式, 对 G 的 Lie 代数中的每一个 X, 有

$$\pi\big(\exp(X)\big) = \pi\left(\sum_{v=0}^{\infty} \frac{X^v}{v!}\right) = \sum_{v=0}^{\infty} \frac{\pi(X)^v}{v!} = \exp\big(\pi(X)\big).$$

由此推出 V 的在 Lie 代数下不变的非零子空间 W 在指数映射 exp 的象下也是不变的. 通过级数表示导出的微分方程

$$\frac{\mathrm{d}}{\mathrm{d}t}\exp(tX) = X\exp(tX)$$

蕴含了 exp 在零点的微分是可逆的, 从而指数映射 $\exp : \mathrm{Lie}(G) \to G$ 的象包含了单位元的一个开邻域. 由此开邻域生成的子群是一个稳定 W 的开子群. 若 G 是路径连通的, 仅存在一个开子群, 即 G 自身 (见习题 9.10), 因而 W 被 G 稳定. 若 π 作为 G 表示是不可约的, 那么 $W = V$, 这样 π 作为 Lie 代数的表示是不可约的.

最后, 假设 π 和 π' 是两个 G 表示, $T : V_\pi \to V_{\pi'}$ 是 $\mathrm{Lie}(G)$ 同构, 即对每一个 $X \in \mathrm{Lie}(G)$,

$$T\pi(X) = \pi'(X)T.$$

因为 T 是两个有限维空间之间的线性映射, 它是连续的, 故对 $X \in \mathrm{Lie}(G)$, 有

$$\begin{aligned}
T\pi(\exp(X)) &= T\exp\big(\pi(X)\big) = T\left(\sum_{v=0}^{\infty}\frac{\pi(X)^v}{v!}\right) \\
&= \sum_{v=0}^{\infty}\frac{T\pi(X)^v}{v!} = \sum_{v=0}^{\infty}\frac{\pi'(X)^v T}{v!} \\
&= \left(\sum_{v=0}^{\infty}\frac{\pi'(X)^v}{v!}\right)T = \exp\big(\pi'(X)\big)T \\
&= \pi'\big(\exp(X)\big)T.
\end{aligned}$$

因此, T 与由指数映射 exp 的象生成的子群的作用可交换, 另一方面, 若 G 是路径连通的, 这就是群 G. 因此, T 是一个 G 同构. □

G 的 Lie 代数的表示 $\pi: \mathrm{Lie}(G) \to \mathrm{End}(V)$ 称为 $*$ 表示, 若对于任意的 $X \in \mathrm{Lie}(G)$, 有

$$\pi(X)^* = \pi(-X),$$

其中 $*$ 意味着 $\mathrm{End}(V)$ 中的复共轭转置.

引理 9.3.7 如果表示 $\pi: G \to \mathrm{GL}(V)$ 是酉表示, 那么 Lie 代数的导出表示是 $*$ 表示. 若 G 是路径连通的, 那么逆命题也成立, 即如果 π 是 Lie 代数的 $*$ 表示, 那么它是群的一个酉表示.

证明 设 π 是酉表示, 则对任意的 $x \in G$, 有 $\pi(x)^* = \pi(x)^{-1} = \pi(x^{-1})$. 设 $X \in \mathrm{Lie}(G)$, 则

$$\begin{aligned}\pi(X)^* &= \left(\frac{\mathrm{d}}{\mathrm{d}t}\big(\exp(tX)\big)\,|_{t=0}\right)^* = \frac{\mathrm{d}}{\mathrm{d}t}\pi\big(\exp(tX)\big)^*\,|_{t=0}\\ &= \frac{\mathrm{d}}{\mathrm{d}t}\pi\big(\exp(-tX)\big)\,|_{t=0} = \pi(-X).\end{aligned}$$

反之, 如果 π 是一个 $*$ 表示, 那么由等式 $\pi\big(\exp(X)\big) = \exp\big(\pi(X)\big)$ 知, 对指数映射 exp 的象中的任意 x, 均有 $\pi(X)^* = \pi(X^{-1})$. 此等式对于由象生成的群也成立. 由于 G 是路径连通的, 这个群即为 G. □

本章描述的矩阵群是 Lie 群的特例. 对于 Lie 群的初学者, 文献 [24] 是一本很好的参考书.

9.4 习 题

习题 9.1 设 V 是有限维的 Hilbert 空间. 线性算子 $A: V \to V$ 称为正规的, 若满足 $AA^* = A^*A$. 证明: V 上的任一正规算子 A 都是可对角化的, 即 A 的特征向量构成了 V 的一组基.

提示: 关于维数应用归纳法. 取 A 的特征子空间, 并证明它的正交补在 A 下也是不变的.

习题 9.2 证明: 群 $\mathbb{R}^\times$ 不是路径连通的.

习题 9.3 设 $(V, \langle\cdot,\cdot\rangle)$ 是有限维的 Hilbert 空间. 证明: V 上的任意内积都能表示为 $(v, w) = \langle Sv, Sw\rangle$, 其中 S 为 $\mathrm{GL}(V)$ 中的矩阵.

习题 9.4 证明: $\mathrm{Mat}_n(\mathbb{C})$ 中任一 Cauchy 列关于 $\|\cdot\|_1$ 或 $\|\cdot\|_2$ 收敛.

提示: 说明在两种范数下, 对于一个给定的 Cauchy 列, 其所有对应元素均是 $\mathbb{C}$ 中的 Cauchy 列.

习题 9.5 设 $\rho: G \to \mathrm{GL}(V)$ 及 $\tau: G \to \mathrm{GL}(W)$ 是两个有限维表示. $V \otimes W$ 为 V 和 W 的张量积. 证明:

$$\begin{aligned}\rho\otimes\tau:\ G &\longrightarrow \mathrm{GL}(V\otimes W),\\ g &\longmapsto \rho(g)\otimes\tau(g)\end{aligned}$$

定义了 G 的一个表示.

习题 9.6 证明：由

$$[X,Y]=XY-YX$$

定义的 $\mathrm{Mat}_n(\mathbb{C})$ 中的交换子括号满足 $[X,Y]=-[Y,X]$ 和 Jacobi 等式

$$\big[X,[Y,Z]\big]+\big[Y,[Z,X]\big]+\big[Z,[X,Y]\big]=0.$$

习题 9.7 证明：对于 $A\in\mathrm{Mat}_n(\mathbb{C})$, 由 $f(t)=\exp(tA)$ 定义的函数 $f:\mathbb{R}\to\mathrm{Mat}_n(\mathbb{C})$ 是矩阵值微分方程

$$f'(t)=Af(t),\quad f(0)=\mathbf{1}$$

的唯一解, 且有 $f(t)A=Af(t)$.

习题 9.8 设 $A=\begin{pmatrix}0&1\\0&0\end{pmatrix}$, $B=\begin{pmatrix}0&0\\1&0\end{pmatrix}$. 证明：

$$\exp(A+B)\neq\exp(A)\exp(B).$$

习题 9.9 设 $A\in\mathrm{Mat}_n(\mathbb{C})$ 且满足 $\|A-\mathbf{1}\|_1<1$. 证明：级数

$$\log(A)=-\sum_{n=1}^{\infty}\frac{(1-A)^n}{n}$$

收敛, 并对这样的 A 有

$$\exp\big(\log(A)\big)=A.$$

提示：首先验证对角矩阵满足第二个结论.

习题 9.10 证明：如果可度量群是路径连通的, 那么它不存在异于自身的开子群.

提示：设 H 是开子群, 并假设存在 $x\in G\setminus H$. 选取路径 γ, 使 $\gamma(0)=\mathbf{1}\in G$, $\gamma(1)=x$. 令 t_0 是所有满足 $\gamma(t)\in G\setminus H$ 的 t 的下确界. 注意到 H 和 $G\setminus H$ 均为闭的 (见习题 6.22), 由此说明 $\gamma(t_0)$ 属于 H 和 $G\setminus H$, 于是产生矛盾.

习题 9.11 设幂级数 $f(z)=\sum_{n=0}^{\infty}a_nz^n$ 对任意的 $z\in\mathbb{C}$ 均收敛. 证明：对任意的 $A\in\mathrm{Mat}_n(\mathbb{C})$, 级数

$$f(A)=\sum_{n=0}^{\infty}a_nA^n$$

收敛于矩阵 $f(A)\in\mathrm{Mat}_n(\mathbb{C})$, 且 $f(A)$ 的特征值为 $f(\lambda)$, 其中 λ 为 A 的特征值.

习题 9.12 证明：实可逆 $n\times n$ 矩阵群 $\mathrm{GL}_n(\mathbb{R})$ 不是路径连通的.

习题 9.13 证明：群

$$\mathrm{SO}(2)=\left\{\begin{pmatrix}a&b\\-b&a\end{pmatrix}\,\middle|\,a,b\in\mathbb{R},a^2+b^2=1\right\}$$

同构于 $\mathbb{T}$.

习题 9.14 设 G 是 $\mathrm{GL}_n(\mathbb{C})$ 的闭子群. $f:\mathrm{GL}_n(\mathbb{C})\to[0,\infty)$ 是具有紧支集的光滑函数, 那么 $f\mid_G$ 在 G 上具有紧支集. 设 $\pi:G\to\mathrm{GL}(V)$ 是 G 的有限维表示, 取 G 上的一个 Haar 积分: 对 $v\in V$, 令

$$\pi(f)v=\int_G f(x)\pi(x)v\mathrm{d}x.$$

(a) 证明: 若 f_n 是满足 $\displaystyle\int_G f_n=1$ 的光滑函数序列, 并且 f_n 的支集随 n 趋于无穷而收敛于 $\{\mathrm{e}\}$, 那么对任意的 $v\in V$, $\pi(f_n)v$ 趋于 v, 且存在 f 使得 $\pi(f)V=V$.

(b) 证明: 对任意的 $v\in V$ 和任意的 $X\in\mathrm{Lie}(G)$, 映射 $t\mapsto\pi\big(\exp(tX)\big)v$ 是光滑的.

提示: 对 $w\in V$, 记 $v=\pi(f)w$.

习题 9.15 设 G 为任一局部紧群. 选取一个 Haar 测度并定义 Hilbert 空间 $L^2(G)$ 作为 $C_c(G)$ 的完备化. 对于 $\varphi\in C_c(G)$ 及 $x,y\in G$, 令

$$L(y)\varphi(x)\xlongequal{\text{def}}\varphi(y^{-1}x).$$

证明: $L(y)$ 是酉算子, 并可延拓为 $L^2(G)$ 上 G 的酉表示, 称之为左正则表示. 若 G 是幺模的, 证明:

$$R(y_1,y_2)\varphi(x)\xlongequal{\text{def}}\varphi(y_1^{-1}xy_2)$$

定义了 $G\times G$ 在 $L^2(G)$ 上的酉表示④, 称之为 G 正则表示.

④ 原书此处误写为 $L^2(\mathbb{R})$. —— 译者注

第 10 章　SU(2) 的表示

对于非 Abel 群, 不可约表示所起的作用如同特征对于 Abel 群所起的作用. 因此, 一个明显的问题是, 这些表示是否可分类. 对于紧连通矩阵群的情况, 我们已很好地解决了这个问题.

本章首先找出群

$$\begin{aligned}\mathrm{SU}(2) &= \left\{A \in \mathrm{Mat}_2(\mathbb{C}) \mid A^*A = \mathbf{1},\ \det(A) = 1\right\}\\ &= \left\{\left(\begin{array}{cc} a & b \\ -\bar{b} & \bar{a}\end{array}\right) \middle| \ a, b \in \mathbb{C}, |a|^2 + |b|^2 = 1\right\}\end{aligned}$$

的所有有限维不可约表示, 然后说明群是路径连通的.

下面的结果在后面将用到.

引理 10.0.1　令 K 为紧可度量群, ρ 为有限维 Hilbert 空间 $(V, \langle\cdot,\cdot\rangle)$ 上的一个表示. 那么存在 $S \in \mathrm{GL}(V)$ 使得 $S\rho S^{-1}$ 为酉表示.

证明　只需证明在 V 上存在另一个内积 $(\cdot,\cdot)$ 使得 ρ 关于 $(\cdot,\cdot)$ 是酉表示. 事实上, V 上任意内积都具有形式 $(v,w) = \langle Sv, Sw\rangle$, 其中 $S \in \mathrm{GL}(V)$(见习题 9.3)①, 从而得出 $S\rho S^{-1}$ 是酉表示.

对于 $v,\ w \in V$, 令

$$(v,w) = \int_K \langle \rho(k^{-1})v, \rho(k^{-1})w\rangle \mathrm{d}k.$$

易知 $(\cdot,\cdot)$ 是一个内积. 此外, ρ 关于 $(\cdot,\cdot)$ 是酉表示. 由于对 $k_0 \in K$ 及 $v,\ w \in V$, 有

$$\begin{aligned}(\rho(k_0)v, \rho(k_0)w) &= \int_K \langle \rho(k^{-1})\rho(k_0)v, \rho(k^{-1})\rho(k_0)w\rangle \mathrm{d}k\\ &= \int_K \langle \rho((k_0^{-1}k)^{-1})v, \rho((k_0^{-1}k)^{-1})w\rangle \mathrm{d}k\\ &= \int_K \langle \rho(k^{-1})v, \rho(k^{-1})w\rangle \mathrm{d}k\\ &= (v,w),\end{aligned}$$

这样就完成了引理的证明.　□

① 原书中此处误写为 “(见习题 10.1)”. —— 译者注

10.1　Lie 代数

SU(2) 的 Lie 代数是所有斜共轭迹零矩阵的代数, 即

$$su(2) = \{X \in \mathrm{Mat}_2(\mathbb{C}) \big|\ X^* = -X,\ \mathrm{tr}(X) = 0\}.$$

现固定 $su(2)$ 的一个标准基:

$$X_1 = \frac{1}{2}\begin{pmatrix} \mathrm{i} & \\ & -\mathrm{i} \end{pmatrix},\quad X_2 = \frac{1}{2}\begin{pmatrix} & 1 \\ -1 & \end{pmatrix},\quad X_3 = \frac{1}{2}\begin{pmatrix} & \mathrm{i} \\ \mathrm{i} & \end{pmatrix}.$$

容易验证下列等式成立:

$$[X_1, X_2] = X_3,\quad [X_2, X_3] = X_1,\quad [X_3, X_1] = X_2.$$

令 $\pi : su(2) \to \mathrm{End}(V)$ 是 Lie 代数 $su(2)$ 的有限维 $*$ 表示. 对于 $j = 1, 2, 3$, 记 $L_j = \pi(X_j) \in \mathrm{End}(V)$. 由此可得 $[L_1, L_2] = L_3$, $[L_2, L_3] = L_1$, $[L_3, L_1] = L_2$, 且对于 $j = 1, 2, 3$,

$$L_j^* = \pi(X_j)^* = \pi(X_j^*) = \pi(-X_j) = -L_j,$$

因此每一个 L_j 都是斜自伴算子②. 特别地, 由此得出 L_j 是可对角化的 (见习题 9.1). 对 $\mu \in \mathbb{C}$, 令

$$V_\mu = \{v \in V | L_1 v = \mathrm{i}\mu v\}.$$

那么空间 V 可分解为特征子空间的直和

$$V = \bigoplus_{\mathrm{i}\mu \in \mathrm{spec}(L_1)} V_\mu,$$

其中 $\mathrm{spec}(L_1)$ 表示 L_1 的谱, 在此情况下即为特征值的集合, 它是 $\mathrm{i}\mathbb{R}$ 的子集. 令

$$L_+ = L_2 - \mathrm{i}L_3,\quad L_- = L_2 + \mathrm{i}L_3.$$

易见

$$[L_1, L_\pm] = \pm\mathrm{i}L_\pm.$$

命题 10.1.1　算子 $L_\pm$ 将 V_μ 映到 $V_{\mu\pm1}$ 上. 特别地, 如果 $\mathrm{i}\mu \in \mathrm{spec}(L_1)$, 那么或者 L_+ 在 V_μ 上为零, 或者 $\mathrm{i}(\mu + 1) \in \mathrm{spec}(L_1)$.

---

② 原书此处为 "skew-adjoint operator". 由 L_j 的性质, 译作"斜自伴算子"似乎更准确些. —— 译者注

证明 设 $v \in V_\mu$, 那么

$$L_1(L_+v) = L_+L_1v + \mathrm{i}L_+v = \mathrm{i}(\mu+1)L_+v.$$

此蕴含了 $L_+V_\mu \subset V_{\mu+1}$. 类似地, 可得 $L_-V_\mu \subset V_{\mu-1}$. □

令 $C = L_1^2 + L_2^2 + L_3^2$. 易知, 对于 $j = 1,2,3$, $CL_j = L_jC$.

引理 10.1.2 若 π 不可约, 那么存在 $\lambda \in \mathbb{C}$ 使得 $C = \lambda\mathrm{Id}$.

证明 设 λ 是 C 的一个特征值. 那么由于 L_j 与 C 可交换, 相应的特征空间是不变的, 因此是不变子空间. 若 π 不可约, 则此子空间必然为 V 自身. □

命题 10.1.3 设 π 是 V 上 $su(2)$ 的不可约表示, 那么 L_1 的谱是序列

$$\{\mathrm{i}\mu_0, \mathrm{i}(\mu_0+1), \cdots, \mathrm{i}(\mu_0+k) = \mathrm{i}\mu_1\},$$

满足: 对于 $0 \leqslant j \leqslant k-1$, 映射

$$L_+ : V_{\mu_0+j} \longrightarrow V_{\mu_0+j+1}$$

是一个同构; 映射

$$L_- : V_{\mu_1-j} \longrightarrow V_{\mu_1-j-1}$$

也是一个同构. 上述结论可用下图描述:

$$\begin{array}{cccccc}
L_+ & & & & & \\
\longrightarrow & \longrightarrow & \longrightarrow & & \longrightarrow & \longrightarrow \\
\bullet \quad\quad \bullet & & \bullet & \cdots & \bullet & \bullet \\
\mu_0 \quad \mu_0+1 & & \mu_0+2 & & \mu_1-1 & \mu_1 \\
\longleftarrow & \longleftarrow & \longleftarrow & & \longleftarrow & \longleftarrow \\
L_- & & & & &
\end{array}$$

此外, 对于 $j = 0,1,\cdots,k$, 空间 V_{μ_0+j} 是一维的, 因此 $\dim V = k+1$. 最后, $\mu_0 = -k/2$, 故 $\mu_1 = k/2$. 特别地, 由此可知, 任意两个相同维数的 SU(2) 的 Lie 代数的有限维不可约表示必然同构.

证明 由引理 10.0.1, 可假设 π 是酉表示. 那么

$$\begin{aligned}
L_-L_+ &= (L_2+\mathrm{i}L_3)(L_2-\mathrm{i}L_3) = L_2^2 + L_3^2 + \mathrm{i}[L_3, L_2] \\
&= C - L_1^2 - \mathrm{i}L_1 = \lambda - L_1^2 - \mathrm{i}L_1,
\end{aligned}$$

且

$$L_+L_- = C - L_1^2 + \mathrm{i}L_1 = \lambda - L_1^2 + \mathrm{i}L_1.$$

从而, 在 V_μ 上有

$$L_+L_- = \lambda + \mu(\mu - 1),$$

$$L_-L_+ = \lambda + \mu(\mu + 1).$$

由于 L_2 和 L_3 均为斜自伴算子, 故

$$L_+^* = (L_2 - \mathrm{i}L_3)^* = -L_-.$$

由此可得, 算子 L_+L_- 和 L_-L_+ 均为自伴算子.

为继续命题的证明, 需要下面的引理.

引理 10.1.4　设为有限维 Hilbert 空间, A 是 V 上的线性算子. 那么有

$$\ker A = \ker A^*A.$$

证明　对 $v \in V$, 有

$$\begin{aligned} v \in \ker(A) &\iff Av = 0 \\ &\iff \langle Av, Aw\rangle = 0 \quad (\forall\ w \in V) \\ &\iff \langle A^*Av, w\rangle = 0 \quad (\forall\ w \in V) \\ &\iff A^*Av = 0 \\ &\iff v \in \ker(A^*A). \end{aligned}$$

于是引理得证. □

现回到命题 10.1.3 的证明. 上述引理表明

$$\ker\, L_1 = \ker\, L_+L_-,$$

$$\ker\, L_+ = \ker\, L_-L_+.$$

现设 $\mu_0, \mu_0 + 1, \cdots, \mu_0 + k = \mu_1$ 是使 $V_{\mu_0+j} \neq 0, j = 0, \cdots, k$ 的最长序列. 那么有 $L_+V_{\mu_0+k} = 0$, 从而

$$0 = \lambda + \mu_1(\mu_1 + 1) = \lambda + \mu_0(\mu_0 - 1),$$

或

$$\mu_0(\mu_0 - 1) = -\lambda = \mu_1(\mu_1 + 1).$$

这样

$$\mu_0(\mu_0 - 1) = (\mu_0 + k)(\mu_0 + k + 1),$$

或

$$-\mu_0 = \mu_0(2k + 1) + k(k + 1).$$

从而得 $\mu_0=-k/2$. 设 $v\in V_{\mu_0}$ 且 $v\neq 0$, 令 $V'_{\mu_0+j}=\mathbb{C}L_+^j v$. 那么空间 $V'=V'_{\mu_0}\oplus\cdots\oplus V'_{\mu_0+k}$ 在 L_1,L_2 和 L_3 下不变, 从而在 $\mathrm{Lie}(G)$ 下不变. 因此, V' 是不变子空间. 因 π 不可约, 故 $V=V'$, 并特别地对所有 j, $V'_{\mu_0+j}=V_{\mu_0+j}$. 于是, 空间 V'_{μ_0+j} 都是一维的. □

10.2 表　　示

现运用有关 Lie 代数的表示理论对群 SU(2) 的表示进行分类.

引理 10.2.1 给定群 SU(2) 的一个有限维表示 ρ, 设在 SU(2) 的对角矩阵子群 T 上的作用由特征 $\chi_{-k},\chi_{-k+2},\cdots,\chi_k$ 给出, 其中

$$\chi_j\begin{pmatrix}\varepsilon & 0\\ 0 & \bar{\varepsilon}\end{pmatrix}=\varepsilon^j.$$

如 χ_j 的特征空间都是一维的, 那么 ρ 是不可约的.

证明 由命题 10.1.3 即得[③], 因为 ρ 在 Lie 代数下是不可约的. □

定理 10.2.2 对每一个 $k\in\{0,1,2,\cdots\}$, 必存在 SU(2) 的一个 $k+1$ 维不可约表示.

证明 设 $k\in\{0,1,2,\cdots\}$ 且 V_k 是双变量 x,y 的 k 阶齐次多项式的全体. 那么

$$V_k=\mathbb{C}x^k\oplus\mathbb{C}x^{k-1}y\oplus\cdots\oplus\mathbb{C}y^k.$$

令 $\rho_k:\mathrm{SU}(2)\to\mathrm{GL}(V_k)$, 定义为

$$\rho_k(A)f(x,y)=f\big((x,y)A\big),$$

即[④]

$$\rho_k\left(\begin{pmatrix}a & b\\ c & d\end{pmatrix}\right)f(x,y)=f(ax+cy,bx+dy).$$

由引理 10.2.1 知 ρ_k 是不可约的. 由命题 10.1.3 知 ρ_k 是 $su(2)$ 的唯一的 $k+1$ 维不可约表示. 最后, 由引理 9.3.6, ρ_k 是唯一的 $k+1$ 维 SU(2) 表示. □

10.3 习　　题

习题 10.1 设 $(\cdot,\cdot)$ 是向量空间 $\mathbb{C}^n$ 上的内积. 证明: 存在矩阵 $S\in\mathrm{GL}(\mathbb{C})$ 使得对所有的 $v,w\in\mathbb{C}$, 有

$$(v,w)=\langle Sv,Sw\rangle,$$

③ 原书此处遗漏了命题编号 “10.1.3”. —— 译者注

④ 原书下面的等式左边遗漏了 $f(x,y)$. —— 译者注

其中 $\langle v, w\rangle = v^t\bar{w}$ 是 $\mathbb{C}^n$ 上的标准内积.

习题 10.2　证明：对于 LCA 群 A, 每一个不可约的有限维酉表示都是一维的.

习题 10.3　证明：$\mathrm{U}(1) \cong \mathbb{T}$, 并求出 $\widehat{\mathrm{U}(1)}$.

习题 10.4　证明：$\mathrm{U}(2) \cong \big(\mathrm{U}(1) \times \mathrm{SU}(2)\big) \setminus \{\pm 1\}$, 并求出 $\widehat{\mathrm{U}(2)}$.

习题 10.5　设 (τ, V) 及 (ρ, W) 是 LC 群 G 的有限维表示, 在张量积 $V \otimes W$ 上由 $\tau \otimes \rho(g) = \tau(g) \otimes \rho(g)$ 定义表示 $\tau \otimes \rho$. 对于 $G = \mathrm{SU}(2)$, 证明：

$$\rho_k \otimes \rho_l \cong \rho_{k+l} \oplus \rho_{k+l-2} \oplus \cdots \oplus \rho_{|k-l|}.$$

第 11 章　Peter-Weyl 定理

Peter-Weyl 定理推广了 Fourier 级数的完全性, 因此也是紧群上的 Plancherl 定理. 它表明, 对于紧群 K, 有限维不可约酉表示的矩阵系数给出了 $L^2(K)$ 的一个正交基. 这里仅对矩阵群证明这个定理.

11.1　表示的分解

引理 11.1.1　设 (π, V_π) 是 LC 群 G 的一个有限维酉表示, 那么 π 可分解为不可约表示的直和.

证明　将对 V_π 的维数应用归纳法证明引理. 若 V_π 是一维的, 那么这个表示显然是不可约的, 结论成立. 现假设结论对于所有维数小于 V_π 维数的空间均成立, 若 V_π 是不可约, 此时已完成结论的证明; 若它有一个真子表示 W. 由 π 的酉性, W 的正交空间 $W^\perp = \{v \in V_\pi | \ \langle v, w \rangle = 0, \ \forall \ w \in W\}$ 也是 G 不变的. 因此, V_π 是子表示空间 W 和 $W^\perp$ 的直和, 而它们都具有更小的维数且有不可约分解, 从而 V_π 也有不可约分解. □

11.2　$\mathrm{Hom}(V_\gamma, V_\pi)$ 上的表示

令 K 是一个紧矩阵群, 即 $\mathrm{GL}_n(\mathbb{C})$ 的紧子群. 设 τ 和 γ 是 K 的有限维不可约表示, H 是所有从 V_γ 到 V_τ 的线性映射组成的空间. 在此空间上, 定义 K 的一个新的表示 η 如下:

$$\eta(k)T = \tau(k)T\gamma(k^{-1}).$$

令 $\mathrm{Hom}_K(V_\gamma, V_\tau)$ 是 K 同态空间, 即所有线性映射 $T : V_\gamma \to V_\tau$ 的空间, 使得对每一个 $k \in K$,

$$T\gamma(k) = \tau(k)T.$$

对 K 的每一个表示 (σ, V_σ), 令

$$V_\sigma^K = \{v \in V_\sigma | \ \sigma(k)v = v, \quad \forall k \in K\},$$

即 V_σ^K 是 K 不动向量空间.

引理 11.2.1　空间

$$H^K = \mathrm{Hom}_{\mathbb{C}}(V_\gamma, V_\tau)^K = \mathrm{Hom}_K(V_\gamma, V_\tau)$$

至多是一维的.

证明　设 $T \in H^k$ 且 $T \neq 0$, 那么核 $\ker(T)$ 是 V_γ 的不变子空间. 因为若 $v \in \ker(T)$, 则对任意 $k \in K$ 有 $T(\gamma(k)v) = \tau(k)Tv = 0$, 从而 $\gamma(k)v \in \ker(T)$. 由于 γ 不可约, 若 $T \neq 0$, 则 T 是单射. 类似地, T 的象是不变子空间, 并再一次由于 τ 是不可约性, 推出 T 是满射, 因此是一个同构.

最后, 令 $T, S \in H^K$, 且两者均非零, 那么两者均是可逆的且 $S^{-1}T \in \mathrm{Hom}(V_\gamma, V_\gamma)$. 设 λ 是 $S^{-1}T$ 的特征值, 则相应的特征空间 $\mathrm{Eig}(\lambda)$ 是不变的. 由不可约性推出 $\mathrm{Eig}(\lambda) = V_\gamma$ 或 $S^{-1}T = \lambda\mathrm{Id}$, 因此 $T = \lambda S$. 故空间 H^k 的维数至多是 1. □

称 K 的两个酉表示 γ 和 τ 是同构的, 若存在酉映射 $T : V_\gamma \to V_\tau$, 使得对每一个 $k \in K$, 有 $T\gamma(k) = \tau(k)T$. 用 $\hat{K}_{\mathrm{fin}}$ 记 K 的所有有限维不可约酉表示的同构类的集合.

引理 11.2.2　K 的有限维不可约表示 γ 和 τ 是同构的当且仅当在忽略内积时, 有

$$\mathrm{Hom}_K(V_\gamma, V_\tau) \neq 0.$$

证明　如果两个表示 γ 和 τ 是同构的, 那么它们之间存在一个 K 同态, 因此这个方向是显然的. 反之, 设存在 $\mathrm{Hom}_K(V_\gamma, V_\tau)$ 中的 $T \neq 0$, 下面将说明存在 $\lambda \in \mathbb{C}$, 使 λT 是酉映射, 即 $(\lambda T)^*(\lambda T) = \mathrm{Id}$, 或者 $|\lambda|^2 T^*T = \mathrm{Id}$. 现 T^*T 是一个 K 同态, 因此是一个恒等映射. 由引理 11.2.1, 存在 $c \in \mathbb{C}$, 使得 $T^*T = c\mathrm{Id}$. 而算子 T^*T 是正自伴的, 故 $c > 0$. 因而存在 $\lambda \in \mathbb{C}$ 使得 $c = 1/|\lambda|^2$. □

11.3　Peter-Weyl 定理

对于 $\hat{K}_{\mathrm{fin}}$ 中的每一个类, 选定一个表示 (τ, V_τ). 取 V_τ 的一个正交基 $e_1, \cdots, e_n$, 令

$$\tau_{i,j}(k) = \langle \tau(k)e_i, e_j \rangle.$$

映射 $\tau_{i,j} : K \to \mathbb{C}$ 称为 τ 的 (i, j) 阶矩阵系数.

定理 11.3.1(Peter-Weyl)　设 $\gamma, \tau \in \hat{K}_{\mathrm{fin}}$, $\gamma \neq \tau$. 那么对所有指标 i, j, r, s, 有

$$\int_K \tau_{i,j}(k)\overline{\gamma_{r,s}(k)}\mathrm{d}k = 0.$$

进一步, 除去 $i = r$ 且 $j = s$ 的情形, 有

$$\int_K \tau_{i,j}(k)\overline{\tau_{r,s}(k)}\mathrm{d}k = 0.$$

此外,

$$\int_K \tau_{i,j}(k)\overline{\tau_{i,j}(k)}\mathrm{d}k = \frac{1}{\dim(V_\tau)}.$$

族 $(\sqrt{\dim(V_\tau)}\tau_{i,j})_{\tau,i,j}$ 形成 Hilbert 空间 $L^2(K)$ 的一个正交基.

证明 首先设 $\tau \neq \gamma$. 那么对每一个 $T \in \mathrm{Hom}_{\mathbb{C}}(V_\gamma, V_\tau)$, 注意到

$$S = \int_K \tau(k)T\gamma(k^{-1})\mathrm{d}k$$

对每一个 $k \in K$ 都满足 $\tau(k)S = S\gamma(k)$, 从而 $S = 0$. 给定 V_γ 的基 $e_1, \cdots, e_n$ 以及 V_τ 的基 $f_1, \cdots, f_m$. 设 $T \in \mathrm{Hom}_{\mathbb{C}}(V_\gamma, V_\tau)$ 由矩阵 $E_{i,j}$ 所给出, 这里 $E_{i,j}$ 中的元在 (i, j) 的位置取 1, 其他位置为 0. 那么 $\tau(k)T\gamma(k^{-1})$ 由下面的矩阵 $\gamma(k^{-1})$ 给出①:

$$\begin{pmatrix} \tau_{1,1} & \cdots & \tau_{1,m} \\ \vdots & & \vdots \\ \tau_{m,1} & \cdots & \tau_{m,m} \end{pmatrix} \begin{pmatrix} & & \\ & 1 & \\ & & \end{pmatrix} \begin{pmatrix} \overline{\gamma}_{1,1} & \cdots & \overline{\gamma}_{n,1} \\ \vdots & & \vdots \\ \overline{\gamma}_{1,n} & \cdots & \overline{\gamma}_{n,n} \end{pmatrix}$$

$$= \begin{pmatrix} \tau_{1,i} \\ \vdots \\ \tau_{m,i} \end{pmatrix} \begin{pmatrix} \overline{\gamma}_{1,1} & \cdots & \overline{\gamma}_{n,1} \\ \vdots & & \vdots \\ \overline{\gamma}_{1,n} & \cdots & \overline{\gamma}_{n,n} \end{pmatrix}$$

$$= \begin{pmatrix} \tau_{1,i}\overline{\gamma}_{1,j} & \cdots & \tau_{1,i}\overline{\gamma}_{n,j} \\ \vdots & & \vdots \\ \tau_{m,i}\overline{\gamma}_{1,j} & \cdots & \tau_{m,i}\overline{\gamma}_{n,j} \end{pmatrix}.$$

通过交换 i, j, 可得定理的第一部分. 如 $\gamma = \tau$, 那么对某个 $\lambda \in \mathbb{C}$, 有

$$\int_K \tau(k)T\gamma(k^{-1})\mathrm{d}k = \lambda\mathrm{Id}.$$

这样得到定理的第二个结论. 为看出 $\int_K |\tau_{i,j}(k)|^2\mathrm{d}k = 1/\dim(V_\tau)$, 令 $T = \mathrm{Id}$. 回顾

$$\tau(k)\tau(k)^* = \mathrm{Id},$$

即②

$$\sum_r \tau_{i,r}(k)\overline{\tau_{j,r}(k)} = \delta_{i,j}.$$

---

① 原书下面第一行中间矩阵为 $E_{i,j}$. —— 译者注

② 原书中下面等式的左边遗漏了 "(k)". —— 译者注

这样, 对 $i=j$, 有

$$\sum_r |\tau_{i,r}(k)|^2 = 1.$$

故

$$\sum_r \int_K |\tau_{i,r}(k)|^2 \mathrm{d}k = 1.$$

对于 $T = E_{i,i}$ 的情况, 应用 $\int_K \tau(k)T\tau(k^{-1})\mathrm{d}k = \lambda \mathrm{Id}$ 这一事实知, 对任意的 r, r',

$$\int_K |\tau_{r,i}(k)|^2 \mathrm{d}k = \int_K |\tau_{r',i}(k)|^2 \mathrm{d}k.$$

最后, 由习题 8.6,

$$\int_K |\tau_{r,i}(k)|^2 \mathrm{d}k = \int_K |\tau_{r,i}(k^{-1})|^2 \mathrm{d}k = \int_K |\tau_{i,r}(k)|^2 \mathrm{d}k,$$

由此得到

$$\int_K |\tau_{i,r}(k)|^2 \mathrm{d}k = \int_K |\tau_{i,r'}(k)|^2 \mathrm{d}k$$

对任意 r, r' 成立. 这样, 为完成定理的证明, 只需说明 $\left(\sqrt{\dim(V_\tau)}\tau_{i,j}\right)$ 的完全性.

为建立其完全性, 我们将运用下面 Stone-Weierstrass 定理的弱的形式. 设 X 是紧的可度量空间. 在 X 上所有连续复值函数空间 $C(X)$ 上定义范数

$$\|f\|_\infty = \sup_{x\in X} |f(x)|.$$

通过 $d(f,g) = \|f-g\|_\infty$ 定义了一个度量. 由点态乘法, 空间 $C(X)$ 是一个 $\mathbb{C}$ 代数.

引理 11.3.2(Stone-Weierstrass 定理)　设 X 是紧的可度量空间, A 为 $C(X)$ 的一个子代数, 使得

- A 在复共轭下是闭的, 即 $f \in A$ 蕴含了 $\overline{f} \in A$;
- A 是点分离的, 即对 X 中任两个不同点 x, y, 存在 $f \in A$ 使 $f(x) \neq f(y)$;
- 对每一个 $x \in X$, 存在 $f \in A$, 使得 $f(x) \neq 0$,

那么 A 在 $C(X)$ 中稠密.

证明　见文献 [21]. □

现在 Peter-Weyl 定理很容易得到. 令 A 是所有矩阵系数 $\tau_{i,j} \in C(K)$ 的线性生成. 由于 τ 的共轭 $\overline{\tau}$ 仍是 K 的一个表示, 因此 A 在复共轭下是闭的. 其次, 正如我们已看到的, 系数 $\tau_{i,j}$ 和 $\gamma_{r,s}$ 的乘积仍是 $\mathrm{Hom}_{\mathbb{C}}(V_{\overline{\gamma}}, V_\tau)$ 上表示的系数, 故 A 在乘法下是闭的. 最后, A 是点分离的, K 是一个矩阵群, 因此它有一个单射表示, 由引理 10.0.1, 它也有一个单射的酉表示; 这意味着引理 11.3.2③的最后条件也满足.

③ 原书此处误写为 “theorem”. —— 译者注

应用 Stone-Weierstrass 定理知, A 在 $C(K)$ 中是稠密的. 再由 $C(K)$ 在 $L^2(K)$ 中的稠密性知, A 在 $L^2(K)$ 中稠密. 因而此系是完全的. □

11.4 重新论述

令 K 是紧矩阵群. 群 $K\times K$ 在 K 上的全体连续函数空间 $C(K)$ 上的作用定义为

$$(k_1,k_2)\cdot f(k)=f(k_1^{-1}kk_2).$$

固定 K 上一个 Haar 积分, 那么此作用是酉的, 并可延拓至 $L^2(K)$, 这样成为 $K\times K$ 酉表示空间. $\hat{K}_{\text{fin}}$ 中表示的矩阵系数给出 $L^2(K)$ 中的元素, 这样 Peter-Weyl 定理可重新叙述如下:

定理 11.4.1 矩阵系数确定了一个 $K\times K$ 同构

$$L^2(K)\cong\bigoplus_{\tau\in\hat{K}_{\text{fin}}}\text{End}(V_\tau),$$

其中 $\oplus$ 表示代数直和的 Hilbert 空间完备化.

对于 $f\in L^1(K)\subset L^2(K)$, 在此同构下 f 的象是

$$\sum_{\tau\in\hat{K}_{\text{fin}}}\tau(f),$$

其中

$$\tau(f)=\int_K f(k)\tau(k)\text{d}k.$$

对于一个给定的不可约表示 $\tau:K\to\text{GL}(V)$, 其矩阵系数给出一个 $V\hookrightarrow L^2(K)$ 的嵌入, 这样由 Peter-Weyl 定理推出, V 必然可分解成有限维表示的直和, 由不可约性, 这又蕴含了 τ 自身是有限维的, 由此得到如下结果:

命题 11.4.2 紧矩阵群 K 的每一个不可约酉表示是有限维的, 从而 $\hat{K}_{\text{fin}}$ 与 $\hat{K}$ 是一致的, 其中 $\hat{K}$ 是与 K 的所有不可约酉表示模同构的集合.

对于非紧群, 上述定理并不成立, $\text{SL}_2(\mathbb{R})$ 就是个例子, 见文献 [14]. 但 Plancherel 定理的一个变形对于一般的幺模的矩阵群 G 仍然成立. 由此得出 $G\times G$ 表示空间 $L^2(G)$ 并不同构于不可约酉表示的同构类集 $\hat{G}$ 的直和, 而同构于 Hilbert 直积分, 详见文献 [3].

11.5 习　题

习题 11.1 令 (ρ,V) 是紧矩阵群 K 的有限维不可约表示. 证明: 任意两个 V 上的 K 不变内积仅相差一个常数因子.

习题 11.2　令 K 是紧矩阵群. 对 $f, g \in C(K)$, 定义它们的卷积为

$$f * g(x) = \int_K f(y)g(y^{-1}x)\mathrm{d}y.$$

证明: $f*g \in C(K)$ 且 K 是交换的当且仅当卷积代数 $C(K)$ 是交换的, 即 $f*g = g*f$ 对所有 $f, g \in C(K)$ 均成立.

习题 11.3　证明: 紧矩阵群 K 是交换的当且仅当 K 的每一个不可约酉表示都是一维的.

习题 11.4　设 K 是一个紧矩阵群. 对 $\tau \in \hat{K}$, 由下式定义的 $K \to \mathbb{C}$ 的函数 χ_τ 称为 τ 的特征:

$$\chi_\tau(k) = \mathrm{tr}\tau(k).$$

证明: 对于 $\tau, \eta \in \hat{K}$,

$$\langle \chi_\tau, \chi_\eta \rangle = \begin{cases} 1, & \tau = \eta, \\ 0, & \text{其他}. \end{cases}$$

习题 11.5　设 K 是一个紧矩阵群, $H \subset K$ 是一个闭子群. 证明: 空间 $L^2(K/H)$ 上由左平移给出的 K 的酉表示同构于

$$\bigoplus_{\tau \in \hat{K}} \dim(V_\tau^H)\tau,$$

其中 V_τ^H 是 V_τ 的 H 不变子空间, 即

$$V_\tau^H = \{v \in V_\tau | \tau(h)v = v, \ \forall\ h \in H\}.$$

第12章　Heisenberg 群

本章给出了一个既不是交换的又不是紧的群的例子. 这样的群 G 上的调和分析中的一般现象是 $L^2(G)$ 上的正则表示可分解为酉对偶 $\hat{G}$ 上的直积分. 这是 Plancherel 定理的最一般的形式. 这里并不对直积分展开详细讨论, 而是更细微地考虑 Heisenberg 群的例子. 当我们说 Hilbert 空间时, 通常是指无限维可分的 Hilbert 空间.

12.1　定　　义

Heisenberg 群 $\mathcal{H}$ 定义为实上三角 3×3 矩阵群, 其主对角线元素全为 1:

$$\mathcal{H} \stackrel{\text{def}}{=\!=} \left\{ \left(\begin{matrix} 1 & x & z \\ & 1 & y \\ & & 1 \end{matrix} \right) \middle| \, x, y, z \in \mathbb{R} \right\}.$$

它也能等同于 $\mathbb{R}^3$, 这里群运算为

$$(a, b, c)(x, y, z) \stackrel{\text{def}}{=\!=} (a + x, b + y, c + z + ay),$$

(a, b, c) 的逆为

$$(a, b, c)^{-1} \stackrel{\text{def}}{=\!=} (-a, -b, ab - c).$$

$\mathcal{H}$ 的中心是 $Z(\mathcal{H}) = \{(0, 0, z) | z \in \mathbb{R}\}$, 有

$$\mathcal{H}/Z(\mathcal{H}) \cong \mathbb{R}^2.$$

引理 12.1.1　$\mathcal{H}$ 上的一个 Haar 积分定义为

$$\int_{\mathcal{H}} f(h)\mathrm{d}h \stackrel{\text{def}}{=\!=} \int_{\mathbb{R}}\int_{\mathbb{R}}\int_{\mathbb{R}} f(a, b, c)\,\mathrm{d}a\,\mathrm{d}b\,\mathrm{d}c, \quad f \in C_c(\mathcal{H}).$$

此 Haar 积分是左不变和右不变的, 因此 $\mathcal{H}$ 是幺模的.

此后的所有计算中, 我们都将使用上面给出的 $\mathcal{H}$ 上的 Harr 测度.

证明　令 $(\alpha,\beta,\gamma)\in\mathcal{H}$. 对 $f\in C_c(\mathcal{H})$, 有

$$\begin{aligned}\int_{\mathcal{H}} f\big((\alpha,\beta,\gamma)h\big)\mathrm{d}h &= \int_{\mathbb{R}^3} f\big((\alpha,\beta,\gamma)(a,b,c)\big)\,\mathrm{d}a\,\mathrm{d}b\,\mathrm{d}c\\ &= \int_{\mathbb{R}^3} f\big(a+\alpha,b+\beta,c+\gamma+\alpha b\big)\,\mathrm{d}a\,\mathrm{d}b\,\mathrm{d}c\\ &= \int_{\mathbb{R}^2}\left(\int_{\mathbb{R}} f\big(a+\alpha,b+\beta,c+\gamma+\alpha b\big)\mathrm{d}c\right)\mathrm{d}a\,\mathrm{d}b\\ &= \int_{\mathbb{R}^2}\left(\int_{\mathbb{R}} f\big(a+\alpha,b+\beta,c\big)\mathrm{d}c\right)\mathrm{d}a\,\mathrm{d}b\\ &= \int_{\mathbb{R}^3} f\big(a,b,c\big)\,\mathrm{d}a\,\mathrm{d}b\,\mathrm{d}c.\end{aligned}$$

同样可得右平移不变性. □

12.2　酉　对　偶

对于局部紧群 G, 两个酉表示 (π,V_π) 和 (η,V_η) 称之为同构的或酉等价, 若存在一个酉算子 $T:V_\pi\to V_\eta$, 使对所有 $g\in G$, 有

$$T\pi(g)=\eta(g)T.$$

因为这意味着 $\eta=T\pi T^{-1}$, 由此推知, 作为表示, π 和 η 是不必区分的. 同构是酉表示类上的等价关系. 等价类的集合

$$\hat{G}\stackrel{\text{def}}{=\!=}\{\pi\text{为不可约酉表示}\}/\text{同构}$$

称为 G 的酉对偶. 它是 Abel 群情形下对偶群的替代, 用 $\pi\in\hat{G}$ 记表示 π 所在的等价类. 如果 G 是可交换的, 那么 $\hat{G}$ 既表示对偶群, 也表示酉对偶, 在此情形下, 酉对偶与对偶群一致 (见习题 12.1).

在这一节中将描述 Heisenberg 群 $\mathcal{H}$ 的酉对偶 $\hat{\mathcal{H}}$.

令 $\hat{\mathcal{H}}_0$ 为 $\hat{\mathcal{H}}$ 中所有满足 $\pi(h)=1$ 的类 $\pi\in\hat{\mathcal{H}}$ 组成的集合, 其中 h 在 $\mathcal{H}$ 的中心 $Z(\mathcal{H})$ 中. 因 $\mathcal{H}/Z(\mathcal{H})\cong\mathbb{R}^2$, 由此知

$$\hat{\mathcal{H}}_0=\widehat{\mathcal{H}/Z(\mathcal{H})}\cong\widehat{\mathbb{R}^2}\cong\hat{\mathbb{R}}^2.$$

而 $\hat{\mathbb{R}}^2$ 以下面的方式与 $\mathbb{R}^2$ 一致：对 $(a,b)\in\mathbb{R}^2$, 定义特征

$$\begin{aligned}\chi_{a,b}:\mathcal{H}&\longrightarrow\mathbb{T},\\ (x,y,z)&\longmapsto \mathrm{e}^{2\pi\mathrm{i}(ax+by)}.\end{aligned}$$

现对应由 $(a,b)\mapsto\chi_{a,b}$ 给出. 特别地, 它得出 $\hat{\mathcal{H}}_0$ 中所有表示是一维的. 上述事实表明, 在表示下中心的作用的重要性.

引理 12.2.1 令 (π,V_π) 是局部紧群 G 的不可约酉表示, $Z(G)\subset G$ 是 G 的中心. 那么对每一个 $z\in Z(G)$, V_π 上的算子 $\pi(z)$ 是单位元的倍数.

证明 令 $z\in Z(G)$, 那么 $\pi(z):V_\pi\to V_\pi$ 是酉算子, 因此它的谱 $\mathrm{spec}\pi(z)$ 包含于 $\mathbb{T}=\{\omega\in\mathbb{C}\|\,w|=1\}$ 中. 由酉算子的谱分解 [25], 对 $\lambda\in\mathbb{T}$, 存在不相交的投影 $F(\lambda)$, 使得

$$\pi(z)=\int_{\mathbb{T}}\lambda\mathrm{d}F(\lambda).$$

每一个投影 $F(\lambda)$ 必与 G 可交换, 即对每一个 $g\in G$, $\pi(g)F(\lambda)=F(\lambda)\pi(g)$. 因此, $F(\lambda)$ 的象和核均为不变子空间. 因 π 是不可约的, 故对某个 λ_0, $F(\lambda_0)=\mathrm{Id}$, 且当 $\lambda\neq\lambda_0$ 时, $F(\lambda)=0$. 此蕴含了 $\pi(z)$ 为单位元的 λ_0 倍. □

作为上述引理的推论, 对每一个 $\pi\in\hat{G}$, 存在特征 $\chi_\pi:Z(G)\to\mathbb{T}$ 使得对每一个 $z\in Z(G)$, $\pi(z)=\chi_\pi(z)\mathrm{Id}$. 这个特征称之为表示 π 的中心特征.

对 $Z(\mathcal{H})$ 的每一个特征 $\chi\neq1$, 现构造 Heisenberg 群 $\mathcal{H}$ 的一个不可约酉表示, 使得 χ 作为它的中心特征. 从一个特定的特征开始, 即

$$\chi_1(0,0,c)=\mathrm{e}^{2\pi\mathrm{i}c}.$$

正如将得出的, 对于 $\mathbb{R}$ 中变元 a,b, 由

$$\varphi(x)\longmapsto\varphi(x+a),\qquad \varphi(x)\longmapsto\mathrm{e}^{2\pi\mathrm{i}bx}\varphi(x)$$

生成的 $L^2(\mathbb{R})$ 上的酉算子群同构于 $\mathcal{H}$. 记住这一点, 令 $(a,b,c)\in\mathcal{H}$, 并定义 $L^2(\mathbb{R})$ 上算子 $\pi_1(a,b,c)$, 使

$$\pi_1(a,b,c)\varphi(x)\xlongequal{\text{def}}\mathrm{e}^{2\pi\mathrm{i}(bx+c)}\varphi(x+a).$$

为验证 π_1 是一个表示, 有

$$\begin{aligned}\pi_1(a,b,c)\pi_1(\alpha,\beta,\gamma)\varphi(x)&=\mathrm{e}^{2\pi\mathrm{i}(bx+c)}\pi_1(\alpha,\beta,\gamma)\varphi(x+a)\\&=\mathrm{e}^{2\pi\mathrm{i}(bx+c)}\mathrm{e}^{2\pi\mathrm{i}(\beta(x+a)+\gamma)}\varphi(x+a+\gamma)\\&=\mathrm{e}^{2\pi\mathrm{i}((b+\beta)x+c+\gamma+a\beta)}\varphi(x+a+\alpha)\\&=\pi_1(a+\alpha,b+\beta,c+\gamma+a\beta)\varphi(x)\\&=\pi_1\big((a,b,c)(\alpha,\beta,\gamma)\big)\varphi(x).\end{aligned}$$

由此立即知 π_1 是酉表示.

引理 12.2.2 π_1 是不可约的.

证明 记 $V\subset L^2(\mathbb{R})$ 是非零的闭不变子空间. 如 $\varphi\in V$, 那么[①] $\pi_1(a,0,0)\varphi(x)=\varphi(x+a)\in V$, 这样, 对每一个 $\psi\in\mathcal{S}(\mathbb{R})$,

$$\psi*\varphi(x)=\int_{\mathbb{R}}\psi(a)\varphi(x-a)\mathrm{d}a=\int_{\mathbb{R}}\psi(a+x)\varphi(-a)\mathrm{d}a$$

仍在 V 中. 因卷积得到光滑函数, 故 V 中包含一个非零的光滑函数 φ_0. 从而[②] $\pi_1(0,b,0)\varphi(x)=\mathrm{e}^{-2\pi\mathrm{i}bx}\varphi_0(x)$ 仍在 V 中. 这样对每一个 $\psi\in\mathcal{S}(\mathbb{R})$,

$$\hat{\psi}(x)\varphi_0(x)=\int_{\mathbb{R}}\psi(b)\mathrm{e}^{-2\pi\mathrm{i}bx}\mathrm{d}x\,\varphi_0(x)$$

亦在 V 中. 取区间 I, 使 φ_0 在 I 上非零, 因此 $C_c^\infty(I)\subset V$. 由平移和求和知, $C_c^\infty(\mathbb{R})\subset V$, 而由于 $C_c^\infty(\mathbb{R})$ 在 $L^2(\mathbb{R})$ 中稠密, 故有 $V=L^2(\mathbb{R})$. 从而 π_1 不可约. □

下面对所有其他的非平凡特征构造不可约酉表示. 注意到对于 $t\in\mathbb{R}^\times=\mathbb{R}/\{0\}$, 映射

$$\theta_t(a,b,c)\xlongequal{\text{def}}(a,bt,ct)$$

是 $\mathcal{H}$ 的连续的自同构, 这可以由下式看出

$$\begin{aligned}\theta_t\big((a,b,c)(\alpha,\beta,\gamma)\big)&=\theta_t(a+\alpha,b+\beta,c+\gamma+a\beta)\\&=\big(a+\alpha,(b+\beta)t,(c+\gamma+a\beta)t\big)\\&=(a,bt,ct)(\alpha,\beta t,\gamma t)\\&=\theta_t(a,b,c)\theta_t(\alpha,\beta,\gamma)\end{aligned}$$

且 $\theta_t^{-1}=\theta_{t^{-1}}$. 现令

$$\pi_t\xlongequal{\text{def}}\pi_1\circ\theta_t,\quad t\in\mathbb{R}\ \text{且}\ t\neq 0.$$

因 π_t 的象等于 π_1 的象, 由此知 π_t 是不可约的. 记 χ_t 是它的中心特征, 有

$$\chi_t(0,0,c)=\chi_1(\theta_t(0,0,c))=\chi_1(0,0,ct)=\mathrm{e}^{2\pi\mathrm{i}ct}.$$

可以证明, 在同构意义下, π_t 是 $\mathcal{H}$ 上以 χ_t 为中心特征的唯一的不可约酉表示 [23]. 由于此结果对于 Plancherel 定理并不重要, 我们不给出它的证明. 然而, 由此将得出如下的酉对偶的描述:

$$\hat{\mathcal{H}}=\hat{\mathbb{R}}^2\cup\{\pi_t|t\in\mathbb{R}^\times\}.$$

---

① 原书下面等式的左端误写为 $\pi(a,0,0)$. —— 译者注

② 原书下面等式的左端误写为 $\pi(0,b,0)$. —— 译者注

12.3 Hilbert-Schmidt 算子

对于 Hilbert 空间 H 上的线性算子 $T: H \to H$, 如下定义算子范数:

$$\|T\| \stackrel{\text{def}}{=\!=} \sup_{\|v\|=1} \|Tv\|.$$

若 $\|T\| < \infty$, 则称 T 是有界的. 注意对每一个向量 v, 有 $\|Tv\| \leqslant \|T\| \|v\|$, 因为若 $v \neq 0$, 则可用 $\dfrac{1}{\|v\|}v$ 代替 v.

记 $\mathcal{B}(H)$ 是所有有界线性算子的集合. 直接验证可知, 算子范数满足范数公理, 因此 $\mathcal{B}(H)$ 是赋范向量空间 (见习题 12.2).

引理 12.3.1 空间 $\mathcal{B}(H)$ 是完备的, 即为 Banach 空间.

证明 令 (T_n) 是 $\mathcal{B}(\mathcal{H})$ 中的 Cauchy 列. 首先说明对每一个 $\omega \in H$, 序列 $T_n w$ 收敛. 固定 $w \in H$, 必要时可用它的常数倍代替它, 因此可假设 $\|w\| = 1$. 对于 $m, n \in \mathbb{N}$, 有

$$\|T_m w - T_n w\| \leqslant \sup_{\|v\|=1} \|T_m v - T_n v\| = \|T_m - T_n\|.$$

由此知序列 $(T_n w)$ 是 H 中的 Cauchy 列, 从而收敛. 定义

$$Tw \stackrel{\text{def}}{=\!=} \lim_n T_n w.$$

这样定义了 H 上的一个线性算子.

令 $\varepsilon > 0$, 取 $n_0 \in \mathbb{N}$ 使得对所有的 $m, n \geqslant n_0$, 有 $\|T_m - T_n\| < \varepsilon$. 对 $n \geqslant n_0$ 及 H 中所有满足 $\|w\| = 1$ 的 w, 有

$$\|Tw - T_n w\| = \lim_m \|T_m w - T_n w\| \leqslant \varepsilon.$$

因此 $\|Tw\| \leqslant \|Tw - T_n w\| + \|T_n w\| \leqslant \varepsilon + \|T_n w\|$, 从而 T 是有界的, 即 $T \in \mathcal{B}(H)$. 此外, 上面的估计关于 w 的一致性蕴含了序列 T_n 在 $\mathcal{B}(H)$ 中收敛于 T. □

引理 12.3.2 Hilbert 空间上线性算子 T 是连续的当且仅当它是有界的.

证明 一个线性算子是连续的当且仅当它在零点连续, 即当且仅当在 v_n 收敛于零时, Tv_n 也收敛于零. 假设 T 是连续的, 并存在序列 $(v_n)_{n\in\mathbb{N}}$ 使 $\|Tv_n\| \to \infty$. 假设对每一个 n, $Tv_n \neq 0$. 令

$$w_n \stackrel{\text{def}}{=\!=} \frac{1}{\|Tv_n\|} v_n,$$

则 w_n 趋于零, 从而 Tw_n 趋于零. 因此

$$1 = \frac{\|Tv_n\|}{\|Tv_n\|} = \|Tw_n\|$$

趋于零, 导出矛盾! 从而这样的点列 (v_n) 不存在, 于是 $\|T\| < \infty$.

反之, 假设 T 是有界的, 那么若 $v_n \to 0$, 有 $\|Tv_n\| \leqslant \|T\| \, \|v_n\|$ 且也趋于零, 从而 T 连续. □

引理 12.3.3 令 $\alpha : H \to \mathbb{C}$ 是线性连续的. 那么存在唯一的 $w_0 \in H$, 使得对每一个 $v \in H$ 有

$$\alpha(v) = \langle v, w_0 \rangle.$$

证明 首先说明唯一性. 若还存在另一个 w_0', 则对任意 $v \in H$, 有 $\langle v, w_0 - w_0' \rangle = 0$. 因此, 特别地, 对 $v = w_0 - w_0'$ 也成立, 于是 $w_0 - w_0' = 0$, 而这正是需证明的.

设 $\alpha \neq 0$, 否则结论是平凡的. 令 $V = \ker(\alpha) = \{v \in H | \alpha(v) = 0\}$ 是 α 的核, 则 V 是 H 的闭子空间. 令

$$U = V^{\perp} = \{w \in H | \, \langle w, v \rangle = 0, \quad \forall v \in V\}$$

是 V 的正交空间. 那么 α 将 U 同构地映到 $\mathbb{C}$, 因此存在唯一的 $w \in U$ 满足 $\alpha(w) = 1$. 任取 $v \in H$, 记 $\lambda = \alpha(v) \in \mathbb{C}$, 则 $v - \lambda w \in \ker(\alpha)$, 因此 $\langle v - \lambda w, w \rangle = 0$ 或

$$\langle v, w \rangle = \lambda \langle w, w \rangle.$$

现令 $w_0 \stackrel{\text{def}}{=\!=} \dfrac{1}{\langle w, w \rangle} w$, 则 $\langle v, w_0 \rangle = \lambda = \alpha(v)$. □

下面令 $T \in \mathcal{B}(H)$ 并取定 $w \in H$. 则由 $\alpha(v) = \langle Tv, w \rangle$ 给出的线性映射 $\alpha : H \to \mathbb{C}$ 是连续的. 因此存在唯一的 $T^*w \in H$, 使得 $\langle Tv, w \rangle = \langle v, T^*w \rangle$. 由于它对每一个 $w \in H$ 都成立, 便得到映射 $w \mapsto T^*w$, 并易知此映射 T^* 是线性的, 称之为 T 的共轭. 下面说明它是有界的, 为此, 令 $v, w \in H$, 则

$$|\langle v, T^*w \rangle| = |\langle Tv, w \rangle| \leqslant \|Tv\| \, \|w\| \leqslant C\|v\| \, \|w\|,$$

这里 $C = \|T\|$. 特别地, 若取 $v = T^*w$, 有

$$\|T^*w\|^2 \leqslant C\|T^*w\| \, \|w\|,$$

从而 $\|T^*w\| \leqslant C\|w\|$.

命题 12.3.4 映射 $T \mapsto T^*$ 定义了 $\mathcal{B}(H)$ 上的一个保范的对合 (involution), 即对 $S, T \in \mathcal{B}(H)$ 及 $\lambda \in \mathbb{C}$, 有

(a) $(T^*)^* = T$;

(b) $(S+T)^* = S^* + T^*$;

(c) $(ST)^* = T^*S^*$;

(d) $(\lambda T)^* = \overline{\lambda}T^*$;

(e) $\|T\| = \|T^*\|$.

证明 (a),(b) 和 (d) 是平凡的. 对于 (c),

$$\langle v, (ST)^*w\rangle = \langle STv, w\rangle = \langle Tv, S^*w\rangle = \langle v, T^*S^*w\rangle.$$

最后, 注意到前面已经说明了 $\|T^*\| \leqslant \|T\|$, 用 T^* 代替便得到 (e). □

设 $T \in \mathcal{B}(H)$, (e_j) 是 H 的一个正交基. T 的 Hilbert-Schmidt 范数定义为

$$\|T\|_{\mathrm{HS}}^2 \xlongequal{\mathrm{def}} \sum_j \langle Te_j, Te_j\rangle.$$

这个数是非负的, 但可能是 $+\infty$. 需说明它并不依赖于正交基的选取. 为此, 回顾定理 2.3.2 蕴含了对每一个正交基 $(\phi_\alpha)_\alpha$ 和所有的 $v, w \in H$, 有

$$\langle v, w\rangle = \sum_\alpha \langle v, \phi_\alpha\rangle\langle\phi_\alpha, w\rangle.$$

现设 ϕ_α 是另一个正交基. 记 T 相关于正交基 (e_j) 的 Hilbert-Schmidt 范数为 $\|T\|_{\mathrm{HS},(e)}$, 则[③]

$$\begin{aligned}
\|T\|_{\mathrm{HS},(e)}^2 &= \sum_j \langle Te_j, Te_j\rangle \\
&= \sum_j \sum_\alpha \langle Te_j, \phi_\alpha\rangle\langle\phi_\alpha, Te_j\rangle \\
&= \sum_\alpha \sum_j \langle Te_j, \phi_\alpha\rangle\langle\phi_\alpha, Te_j\rangle \\
&= \sum_\alpha \sum_j \langle e_j, T^*\phi_\alpha\rangle\langle T^*\phi_\alpha, e_j\rangle \\
&= \sum_\alpha \langle T^*\phi_\alpha, T^*\phi_\alpha\rangle = \|T^*\|_{\mathrm{HS},(\phi)}^2.
\end{aligned}$$

上面交换求和顺序是合理的, 因为所有的求和项都是正的. 特别地, 当 $(\phi) = (e)$ 时蕴含了 $\|T^*\|_{\mathrm{HS},(\phi)} = \|T\|_{\mathrm{HS},(\phi)}$, 因此

$$\|T\|_{\mathrm{HS},(e)} = \|T^*\|_{\mathrm{HS},(\phi)} = \|T\|_{\mathrm{HS},(\phi)}.$$

③ 原书下面等式中的最后一项遗漏了平方. —— 译者注

这样给出了所需的不依赖性, 因此 $\|T\|_{\mathrm{HS}}$ 的定义是合理的. 若 $\|T\|_{\mathrm{HS}} < \infty$, 则称 T 是 Hilbert-Schmidt 算子.

引理 12.3.5 对 H 上的每一个有界线性④算子 T,

$$\|T\| \leqslant \|T\|_{\mathrm{HS}}.$$

对每一个酉算子 U, 有 $\|UT\|_{\mathrm{HS}} = \|TU\|_{\mathrm{HS}} = \|T\|_{\mathrm{HS}}$.

证明 设 $v \in H$ 满足 $\|v\| = 1$. 则存在一个正交基 (e_j), 使 $e_1 = v$. 这样

$$\|Tv\|^2 = \|Te_1\|^2 \leqslant \sum_j \|Te_j\|^2 = \|T\|_{\mathrm{HS}}^2.$$

而乘上酉算子后的范数不变性是简单的, 因为 (e_j) 为正交基时, (Ue_j) 仍为正交基. □

我们感兴趣的主要例子如下. 回顾 $L^2(\mathbb{R})$, 它是 $L^2_{bc}(\mathbb{R})$ 的 Hilbert 空间的完备化, 也是 $C_c(\mathbb{R})$ 的 Hilbert 空间完备化. 设 k 是 $\mathbb{R}^2$ 上一个连续有界函数, 设

$$\int_{\mathbb{R}}\int_{\mathbb{R}} |k(x,y)|^2 \mathrm{d}x\mathrm{d}y < \infty.$$

这里二重积分理解如下：设对每一个 $x \in \mathbb{R}$, 积分 $\int_{\mathbb{R}} |k(x,y)|^2 \mathrm{d}y$ 存在且定义了一个 $\mathbb{R}$ 上的连续可积函数, 当交换 x, y 时, 相同的事实成立. 在这种情况下, k 称为 L^2 核.

命题 12.3.6 设 $k(x,y)$ 是 $\mathbb{R}$ 上的 L^2 核. 对 $\varphi \in C_c(\mathbb{R})$, 定义

$$K\varphi(x) \stackrel{\mathrm{def}}{=\!=\!=} \int_{\mathbb{R}} k(x,y)\varphi(y)\mathrm{d}y.$$

则 $K\varphi \in L^2_{bc}(\mathbb{R})$, 且 K 可延拓为一个 Hilbert-Schmidt 算子 $K: L^2(\mathbb{R}) \to L^2(\mathbb{R})$ 满足

$$\|K\|_{HS}^2 = \int_{\mathbb{R}}\int_{\mathbb{R}} |k(x,y)|^2 \mathrm{d}x\mathrm{d}y.$$

证明 易见, 函数 $K\varphi$ 是连续有界的. 由 Cauchy-Schwarz 不等式

$$\begin{aligned}
\|K\varphi\|^2 &= \int_{\mathbb{R}} |K\varphi(x)|^2 \mathrm{d}x \\
&= \int_{\mathbb{R}} \left| \int_{\mathbb{R}} k(x,y)\varphi(y)\mathrm{d}y \right|^2 \mathrm{d}x \\
&\leqslant \int_{\mathbb{R}}\int_{\mathbb{R}} \left|k(x,y)\right|^2 \mathrm{d}x\mathrm{d}y \int_{\mathbb{R}} |\varphi(y)|^2 \mathrm{d}y \\
&= \int_{\mathbb{R}}\int_{\mathbb{R}} \left|k(x,y)\right|^2 \mathrm{d}x\mathrm{d}y \, \|\varphi\|^2.
\end{aligned}$$

④ 原书此处遗漏了“线性”. —— 译者注

因此, K 可延拓为一个 $L^2(\mathbb{R})$ 上的有界算子. 令 (e_j) 是 $L^2(\mathbb{R})$ 的一个正交基, 那么

$$\begin{aligned}\|K\|_{HS} &= \sum_j \langle Ke_j, Ke_j\rangle \\ &= \sum_j \int_{\mathbb{R}} Ke_j(x)\overline{Ke_j(x)}\mathrm{d}x \\ &= \sum_j \int_{\mathbb{R}}\int_{\mathbb{R}} k(x,y)e_j(y)\mathrm{d}y \overline{\int_{\mathbb{R}} k(x,y)e_j(y)\mathrm{d}y}\mathrm{d}x \\ &= \sum_j \int_{\mathbb{R}} \langle k(x,\cdot), e_j\rangle\langle e_j, k(x,\cdot)\rangle \mathrm{d}x \\ &= \int_{\mathbb{R}} \sum_j \langle k(x,\cdot), e_j\rangle\langle e_j, k(x,\cdot)\rangle \mathrm{d}x \\ &= \int_{\mathbb{R}} \langle k(x,\cdot), k(x,\cdot)\rangle \mathrm{d}x \\ &= \int_{\mathbb{R}}\int_{\mathbb{R}} |k(x,y)|^2 \mathrm{d}x\mathrm{d}y.\end{aligned}$$

□

12.4 $\mathcal{H}$ 上的 Plancherel 定理

设 G 是一个局部紧群, $f \in C_c(G)$. 固定 G 上一个 Haar 测度, 对于 G 的酉表示 (π, V_π), 先形式定义

$$\pi(f) = \int_G f(x)\pi(x)\mathrm{d}x$$

作为在 V_π 上, 对所有 $v, w \in V_\pi$, 满足

$$\langle \pi(f)v, w\rangle = \int_G f(x)\langle \pi(x)v, w\rangle\, \mathrm{d}x$$

线性算子. 我们要求 $\pi(f)$ 是有界的, 且

$$\|\pi(f)\| \leqslant \|f\|_1 = \int_G |f(x)|\mathrm{d}x.$$

为说明此, 应用 Cauchy-Schwarz 不等式得到

$$\begin{aligned}|\langle \pi(f)v, w\rangle| &\leqslant \int_G |f(x)|\,|\langle \pi(f)v, w\rangle|\,\mathrm{d}x \\ &\leqslant \int_G |f(x)|\,\|v\|\,\|w\|\mathrm{d}x \\ &= \|f\|_1\,\|v\|\,\|w\|.\end{aligned}$$

取 $w=\pi(f)v$ 得 $\|\pi(f)v\|^2 \leqslant \|f\|_1\,\|v\|\,\|\pi(f)v\|$, 这样就完成了证明. □

已知有一个等同 $\mathcal{H}\cong\mathbb{R}^3$. 记 $\mathcal{S}(\mathbb{R}^3)$ 是 $\mathbb{R}^3$ 上 Schwartz 函数空间, 这是 $\mathbb{R}^3$ 上所有无穷可微函数空间, 并使得对所有的 $k,m,n\in\mathbb{N}_0$ 和每一个多项式 $P(x,y,z)$, 下面 $\mathbb{R}^3$ 上的函数是有界的⑤:

$$P(x,y,z)\left(\frac{\partial}{\partial x}\right)^k\left(\frac{\partial}{\partial y}\right)^m\left(\frac{\partial}{\partial z}\right)^n f(x,y,z).$$

使用上面的等同关系, 可以将 $f\in\mathcal{S}(\mathbb{R}^3)$ 理解为 $\mathcal{H}$ 上的函数, 并记这个函数空间为 $\mathcal{S}(\mathcal{H})$.

定理 12.4.1(Plancherel 定理)　设 $f\in\mathcal{S}(\mathcal{H})$, 对每一个 $t\in\mathbb{R}^\times$, 算子 $\pi_t(f)$ 是 Hilbert-Schmidt 算子, 且有

$$\int_{\mathbb{R}^\times}\|\pi_t(f)\|_{HS}^2|t|\mathrm{d}t=\int_{\mathcal{H}}|f(h)|^2\mathrm{d}h.$$

注意一维的表示在 Plancherel 定理中不出现, 称它们有 Plancherel 测度零.

证明　令 $t\in\mathbb{R}^\times$, $f\in\mathcal{S}(\mathcal{H})$ 且 $\varphi\in L^2(\mathbb{R})$. 那么

$$\begin{aligned}\pi_t(f)\varphi(x)&=\int_{\mathbb{R}^3}f(a,b,c)\pi_1(a,bt,ct)\varphi(x)\,\mathrm{d}a\,\mathrm{d}b\,\mathrm{d}c\\&=\int_{\mathbb{R}^3}f(a,b,c)\mathrm{e}^{2\pi\mathrm{i}t(bx+c)}\varphi(x+a)\,\mathrm{d}a\,\mathrm{d}b\,\mathrm{d}c\\&=\int_{\mathbb{R}^3}f(a-x,b,c)\mathrm{e}^{2\pi\mathrm{i}t(bx+c)}\varphi(a)\,\mathrm{d}a\,\mathrm{d}b\,\mathrm{d}c\\&=\int_{\mathbb{R}}k(x,y)\varphi(y)\mathrm{d}y,\end{aligned}$$

其中

$$\begin{aligned}k(x,y)&=\int_{\mathbb{R}^2}f(y-x,b,c)\mathrm{e}^{2\pi\mathrm{i}t(bx+c)}\,\mathrm{d}b\,\mathrm{d}c\\&=\int_{\mathbb{R}}\mathcal{F}_2f(y-x,-tx,c)\mathrm{e}^{2\pi\mathrm{i}tc}\mathrm{d}c\\&=\mathcal{F}_3\mathcal{F}_2f(y-x,-tx,-t),\end{aligned}$$

这里 $\mathcal{F}_2$ 和 $\mathcal{F}_3$ 分别表示相关于第二和第三个变量的 Fourier 变换. 核 k 是有界且连续的. 函数 $g=\mathcal{F}_3\mathcal{F}_2f$ 在 $\mathcal{S}(\mathcal{H})$ 中, 且有

$$\int_{\mathbb{R}}|k(x,y)|^2\mathrm{d}y=\int_{\mathbb{R}}|g(y,-tx,-t)|^2\mathrm{d}y$$

⑤ 原书下式中 $\left(\frac{\partial}{\partial x}\right)^k\left(\frac{\partial}{\partial y}\right)^m\left(\frac{\partial}{\partial z}\right)^n$ 的意义为 $\frac{\partial^k}{\partial x^k}\frac{\partial^m}{\partial y^m}\frac{\partial^n}{\partial z^n}$. —— 译者注

及

$$\int_{\mathbb{R}} |k(x,y)|^2 \mathrm{d}x = \int_{\mathbb{R}} |g(y-x,-tx,-t)|^2 \mathrm{d}x.$$

上述事实表明 k 是 L^2 核. 由命题 12.3.6, 算子 $\pi_t(f)$ 是 Hilbert-Schmidt 算子. 再由同一命题以及 Fourier 变换的 Plancherel 定理得到⑥

$$\begin{aligned}\int_{\mathbb{R}^\times} \|\pi_t(f)\|_{HS}^2 |t| \mathrm{d}t &= \int_{\mathbb{R}^\times} \int_{\mathbb{R}^2} |g(y,-tx,-t)|^2 \mathrm{d}x\mathrm{d}y|t|\mathrm{d}t \\ &= \int_{\mathbb{R}^\times} \int_{\mathbb{R}^2} |g(y,x,t)|^2 \mathrm{d}x\mathrm{d}y\mathrm{d}t \\ &= \int_{\mathbb{R}^\times} \int_{\mathbb{R}^2} |f(y,x,t)|^2 \mathrm{d}x\mathrm{d}y\mathrm{d}t.\end{aligned}$$

□

12.5 再次论述

$\mathcal{H}$ 上的 Plancherel 定理提供了一个 $L^2(\mathcal{H})$ 上酉 $\mathcal{H}\times\mathcal{H}$ 表示的分解:

$$R(h_1,h_2)\varphi(h) \xlongequal{\text{def}} \varphi(h_1^{-1}hh_2).$$

这个表示将被分解为直积分而不是直和. 直积分的一般概念 [3] 需要 Lebesgue 积分, 因此超出本书范围. 然而在 Heisenberg 群的特殊情形下, 我们可以给出一个简单的构造.

对给定的 Hilbert 空间 V, 考虑 V 上所有 Hilbert-Schmidt 算子空间 $\mathrm{HS}(V)$. 选取一个正交基 (e_j), 对 $S,T\in \mathrm{HS}(V)$ 定义

$$\langle S,T\rangle \xlongequal{\text{def}} \sum_j \langle Se_j, Te_j\rangle.$$

引理 12.5.1 对 $S,T\in \mathrm{HS}(V)$, 定义 $\langle S,T\rangle$ 的和式是收敛的且它的值不依赖于正交基的选取. 这样定义了 $\mathrm{HS}(V)$ 上的内积, 空间 $\mathrm{HS}(V)$ 关于这个内积是完备的, 也就是说, $\mathrm{HS}(V)$ 是一个 Hilbert 空间.

证明 由 Cauchy-Schwarz 不等式知 $\sum_j |\langle Se_j,Te_j\rangle| \leqslant \sum_j \|Se_j\|\,\|Te_j\|$. 因序列 $(\|Se_j\|)_{j\in\mathbb{N}}$ 和 $(\|Te_j\|)_{j\in\mathbb{N}}$ 均在 $\ell^2(\mathbb{N})$ 中, 从而上面和式收敛. 正交基选择的不依赖性的证明类似于范数的不依赖性, 内积的公理也是容易验证的. 因此剩下说明 $\mathrm{HS}(V)$ 是完备的. 为此, 令 (S_n) 是 $\mathrm{HS}(V)$ 中的任一 Cauchy 列. 由引理 12.3.5 知, (S_n) 也是 $\mathcal{B}(V)$ 中的 Cauchy 列, 这样有极限 $S\in\mathcal{B}(V)$.

---

⑥ 原书下式中第一个等式左边误写为 “$\|\pi_t(f)\|_{\mathrm{HS}}^1$”. —— 译者注

令 $\varepsilon > 0$ 及 $n_0 \in \mathbb{N}$, 使得对所有 $m, n \geqslant n_0$, 有 $\|S_n - S_m\|_{\mathrm{HS}}^2 < \varepsilon$. 设 (e_j) 是 V 中一个正交基, 则对任意 $n \geqslant n_0$,

$$\|S_n - S_m\|_{HS}^2 = \sum_j \|S_n e_j - S e_j\|^2 = \sum_j \lim_m \|S_n e_j - S_m e_j\|^2.$$

对每一个 $j_0 \in \mathbb{N}$, 有

$$\begin{aligned}\sum_{j \leqslant j_0} \lim_m \|S_n e_j - S_m e_j\|^2 &= \lim_m \sum_{j \leqslant j_0} \|S_n e_j - S_m e_j\|^2 \\ &\leqslant \limsup_m \sum_j \|S_n e_j - S_m e_j\|^2 \\ &= \limsup_m \|S_n - S_m\|_{\mathrm{HS}}^2 \leqslant \varepsilon.\end{aligned}$$

令 j_0 趋于无穷, 得到 $\|S_n - S\|_{\mathrm{HS}}^2 \leqslant \varepsilon$. 而此蕴含了序列 S_n 在 $\mathrm{HS}(V)$ 中收敛于 S. □

设 (π, V_π) 是局部紧群 G 的一个酉表示. 在 Hilbert 空间 $\mathrm{HS}(V_\pi)$ 上能定义 $G \times G$ 的一个表示 π_{HS}:

$$\pi_{\mathrm{HS}}(g_1, g_2)T \stackrel{\mathrm{def}}{=\!=} \pi(g_1)T\pi(g_2^{-1}).$$

因 $\pi(g_1)$ 和 $\pi(g_2^{-1})$ 均为 V_π 上的酉算子, 故 π_{HS} 是 $\mathrm{HS}(V)$ 上 $G \times G$ 的一个酉表示. 特别地, 对每一个 $t \in \mathbb{R}^\times$, 得到空间 $\mathrm{HS}\big(L^2(\mathbb{R})\big)$ 上 $\mathcal{H} \times \mathcal{H}$ 的酉表示 $\pi_{t,\mathrm{HS}}$.

设 H 是 Hilbert 空间. 我们将定义空间

$$L^2\big(\mathbb{R}^\times, H, |t|\mathrm{d}t\big).$$

首先定义空间 $C_c(\mathbb{R}^\times, H)$ 作为所有具有紧支集的连续函数 $\varphi: \mathbb{R}^\times \to H$ 的空间. 在此空间上定义如下的内积:

$$\langle \varphi, \psi \rangle \stackrel{\mathrm{def}}{=\!=} \int_{\mathbb{R}^\times} \langle \varphi(t), \psi(t) \rangle \, |t|\mathrm{d}t,$$

其中等式右边的内积是 Hilbert 空间 H 的内积. 最后, $L^2(\mathbb{R}^\times, H, |t|\mathrm{d}t)$ 是 $C_c(\mathbb{R}^\times, H)$ 的 Hilbert 完备化. 这是 Hilbert 空间的直积分的一个例子, 其思想是: 对每一个 $t \in \mathbb{R}^\times$, 由 H 可得 H_t, 然后在 $\mathbb{R}^\times$ 上作积分以形成一个新的 Hilbert 空间.

在下面特殊情形下考虑这个构造:

$$H = \mathrm{HS}\big(L^2(\mathbb{R})\big).$$

引理 12.5.2　关于空间 $L^2\big(\mathbb{R}^\times, \mathrm{HS}(L^2(\mathbb{R})), |t|\mathrm{d}t\big)$ 有如下给出的 $\mathcal{H} \times \mathcal{H}$ 的酉表示:

$$\Pi(h_1, h_2)\varphi(t) \stackrel{\mathrm{def}}{=\!=} \pi_{t,\mathrm{HS}}(h_1, h_2)\varphi(t) = \pi_t(h_1)\varphi(t)\pi_t(h_2^{-1}).$$

证明 为说明 Π 是酉的, 计算

$$\begin{aligned}\|\Pi(h_1,h_2)\varphi\|^2 &= \int_{\mathbb{R}^\times} \|\Pi(h_1,h_2)\varphi(t)\|_{\mathrm{HS}}^2|t|\mathrm{d}t \\ &= \int_{\mathbb{R}^\times} \|\pi_t(h_1)\varphi(t)\pi_t(h_2^{-1})\|_{\mathrm{HS}}^2|t|\mathrm{d}t \\ &= \int_{\mathbb{R}^\times} \|\varphi(t)\|_{\mathrm{HS}}^2|t|\mathrm{d}t = \|\varphi\|^2.\end{aligned}$$ □

此表示称为表示 $\pi_{t,\mathrm{HS}}$ 的直积分, 记为

$$\Pi = \int_{\mathbb{R}^\times} \pi_{t,\mathrm{HS}}|t|\mathrm{d}t.$$

定理 12.5.3 映射⑦

$$\begin{aligned}\Psi : \mathcal{S}(\mathcal{H}) &\longrightarrow L^2(\mathbb{R}^\times, \mathrm{HS}(L^2(\mathbb{R})), |t|\mathrm{d}t), \\ f &\longmapsto \Psi(f),\end{aligned}$$

满足 $\Psi(f)(t) \xlongequal{\mathrm{def}} \pi_t(f)$ 是 $\mathcal{H}\times\mathcal{H}$ 等变化的、单射且有稠密象. 它也满足 $\|\Psi(f)\| = \|f\|$, 并可延拓为 Hilbert 空间的一个同构⑧:

$$\Psi : L^2(\mathcal{H}) \to L^2(\mathbb{R}^\times, \mathrm{HS}(L^2(\mathbb{R})), |t|\mathrm{d}t),$$

且该同构满足 $\Psi\big(R(h_1,h_2)f\big) = \Pi(h_1,h_2)\Psi(f)$. 换句话说, $\mathcal{H}$ 的正则表示 R 分解为

$$R \cong \int_{\mathbb{R}^\times} \pi_{t,\mathrm{HS}}|t|\mathrm{d}t.$$

证明 先说明 Ψ 是 $\mathcal{H}\times\mathcal{H}$ 等变化的. 有

$$\begin{aligned}\Psi\big(R(h_1,h_2)f\big)(t) &= \pi_t\big(R(h_1,h_2)f\big) \\ &= \int_G R(h_1,h_2)f(x)\pi_t(x)\,\mathrm{d}x \\ &= \int_G f(h_1^{-1}xh_2)\pi_t(x)\,\mathrm{d}x \\ &= \int_G f(x)\pi_t(h_1xh_2^{-1})\,\mathrm{d}x \\ &= \pi_t(h_1)\int_G f(x)\pi_t(x)\,\mathrm{d}x\pi_t(h_2^{-1}) \\ &= \pi_t(h_1)\pi_t(f)\pi_t(h_2^{-1}) \\ &= \Pi(h_1,h_2)\Psi(f).\end{aligned}$$

⑦ 原书下面第一式的右边遗漏了右半边括号. —— 译者注

⑧ 原书下面第一式的右边遗漏了右半边括号. —— 译者注

进一步, 因 $\pi_t(f)$ 有核

$$k_t(x,y)=\mathcal{F}_3\mathcal{F}_2 f(y-x,-tx,-t),$$

$\Psi(f)=0$ 的假设蕴含了对所有的 x,y,t, $k_t(x,y)=0$, 从而得出 $f=0$. 因此 Ψ 是单射. 由 Plancherel 定理, Ψ 是保范的. 最后, 为看出 Ψ 有稠密象, 注意到象包含了所有的核 $k_t(x,y)$, 它们是光滑的且在 $\mathbb{R}^2\times\mathbb{R}^\times$ 中有紧支集, 这样就得到稠密性. □

12.6 习　　题

习题 12.1 证明: 对 LCA 群 A, 其酉对偶与其对偶群一致.

提示: 运用引理 12.2.1 知, A 的每一个不可约酉表示是一维的, 恒同于它的带有中心特征的同构类.

习题 12.2 证明: $\mathcal{B}(H)$ 中算子范数满足引理 2.1.1 中的范数公理[⑨].

习题 12.3 设 H 是 Hilbert 空间. H 上的算子 T 称为有限秩算子, 若象 $T(H)$ 是有限维的. 证明: 有限秩算子形成 $\mathrm{HS}(H)$ 的一个稠密子空间.

习题 12.4 设 G 是局部紧群. 对 $f,g\in C_c(G)$, 定义卷积如下:

$$f*g(x)\xlongequal{\text{def}}\int_G f(y)g(y^{-1}x)\mathrm{d}y.$$

设 π 是 G 的酉表示, 证明:

$$\pi(f*g)=\pi(f)\pi(g).$$

习题 12.5 证明: (a,b,c) 的集合形成 $\mathcal{H}$ 的一个闭子群 Γ, 其中 a,b,c 为整数. 证明: 商群 $\mathcal{H}/\Gamma$ 是紧的.

⑨ 该习题中“$\mathcal{B}(H)$ 中”是译者添加的. —— 译者注

参 考 文 献

[1] Benedetto J. *Harmonic Analysis and Applications.* Boca Raton: CRC Press, 1977.

[2] Bröcker T, Tom Dieck T. *Representatons of Compact Lie Groups.* Springer-Verlag, 1985.

[3] Dixmier J. *Les C^* Algèbres et Leur Reprèsentations.* (2nd ed.). Paris: Gauthier Villars, 1969.

[4] Edwards R E. *Fourier Series. A Modern Introduction.* Springer-Verlag, 1979 (vol I); 1981 (vol II).

[5] Khavin V P (ed.), Nikol'ski N K(ed.), Gamkrelidze R V(ed.). *Commutative Harmonic Analysis I. General Survey. Classical Aspects.* Encyclopaedia of Mathematical Sciences, 15. Berlin etc: Springer-Verlag, 1991.

[6] Khavin V P (ed.), Nikolski N K(ed.), Gamkrelidze R V(ed.). *Commutative Harmonic Analysis II. Group Methods in Commutative Harmonic Analysis.* Encyclopaedia of Mathematical Sciences, 25. Berlin: Springer-Verlag, 1998①.

[7] Khavin V P (ed.), Nikol'ski N K(ed.), Gamkrelidze R V(ed.). *Commutative Harmonic Analysis III. Generalized Functions. Applications.* Encyclopaedia of Mathematical Sciences, 72. Berlin: Springer-Verlag, 1995②.

[8] Khavin V P (ed.), Nikol'ski N K(ed.), Gamkrelidze R V(ed.). *Commutative Harmonic Analysis IV: Harmonic Analysis in R^n.* Encyclopaedia of Mathematical Sciences, 42. Berlin etc: Springer-Verlag, 1992.

[9] Helgason S. *Differential Geometry, Lie Groups, and Symmetric Spaces.* Academic Press, 1978.

[10] Helson H. *Harmonic Analysis.* 2nd ed. Texts and Readings in Mathematics, 7. New Delhi: Hindustan Book Agency, 1995.

[11] Hewitt E, Ross K A. *Abstract Harmonic Analysis. Vol I: Structure of Topological Groups, Integration Theory, Group Representations.* Grundlehren der Mathematischen Wissenschaften, 115. Berlin: Springer-Verlag, 1994.

[12] Hewitt E, Ross K A. *Abstract Harmonic Analysis. Vol II: Structure and Analysis for Compact Groups. Analysis on Locally Compact Abelian Groups.* Grundlehren der Mathematischen Wissenschaften, 152. Berlin: Springer-Verlag, 1994.

[13] Karatsuba A. *Basic Analysis Number Theory.* Springer-Verlag, 1993.

[14] Knapp A. *Representation Theory of Semisimple Lie Groups.* Princeton University Press, 1986.

[15] Körner T. *Exercises for Fourier Analysis.* Cambridge University Press, 1993.

[16] Krantz S. *A panorama of Harmonic Analysis.* The Carus Mathematical Monographs, 27. Washington, DC: The Mathematical Association of America, 1999.

---

① 原书中此文献的第一位作者误写为 Havin V P. —— 译者注
② 原书中此文献的第一位作者误写为 Havin V P. —— 译者注

[17] Lang S. *Algebra.* 3rd ed. Addison Wesley, 1993.

[18] Loomis L H. *Harmonic Analysis.* Buffalo: Mathematical Association of America, 1965.

[19] Seeley R. *An Introduction to Fourier Series and Integrals.* New York: Benjamin, 1966.

[20] Rudin W. *Real and Complex Analysis.* 3rd ed. New York, NY: McGraw-Hill, 1987.

[21] Rudin W. *Functional Analysis.* 2nd ed. McGraw-Hill, 1991.

[22] Stein E M. *Harmonic Analysis: Real-variable Methods, Orthogonality, and Oscillatory Integrals.* Princeton, NJ: Princeton University Press, 1993.

[23] Taylor M. *Noncommutative Harmonic Analysis.* AMS, 1985.

[24] Warner F. *Foundations of Differentiable Manifolds and Lie Groups.* Springer-Verlag, 1983.

[25] Yosida K. *Functional Analysis.* Berlin, Heidelberg, New York: Springer-Verlag, 1980.

附录 A　Riemann ζ 函数

现在给出 Riemann ζ 函数的解析开拓和函数方程, 它基于 Θ 级数的函数方程. 首先需要 Γ 函数.

对 $\mathrm{Re}(s) > 0$, 积分

$$\Gamma(s) = \int_0^\infty t^{s-1}\mathrm{e}^{-t}\mathrm{d}t$$

收敛并在此范围内给出了一个解析函数. 对 $\mathrm{Re}(s) > 0$, 由分部积分得到

$$\Gamma(s+1) = \int_0^\infty t^s\mathrm{e}^{-t}\mathrm{d}t = \int_0^\infty st^{s-1}\mathrm{e}^{-t}\mathrm{d}t = s\Gamma(s),$$

即

$$\Gamma(s) = \frac{\Gamma(s+1)}{s}.$$

在最后的等式中, 右边给出了 $\mathrm{Re}(s) > -1$ 上的亚纯函数, 从而 $\Gamma(s)$ 延拓为此范围的亚纯函数. 由相同的等式, 可将 $\Gamma(s)$ 延拓至 $\mathrm{Re}(s) > -2$, 等等. 这样, $\Gamma(s)$ 可延拓为整个平面上的亚纯函数, 并且除去单个极点 $s = 0, -1, -2, \cdots$ 外, 它是解析的.

回顾 3.7 节①定义的 Θ 级数, 对 $t > 0$,

$$\Theta(t) = \sum_{k\in\mathbb{Z}} \mathrm{e}^{-t\pi k^2}.$$

定理 3.7.1 已证明它满足

$$\Theta(t) = \frac{1}{\sqrt{t}}\Theta\left(\frac{1}{t}\right).$$

现在导出 Riemann ζ 函数:

引理 A.1　对 $\mathrm{Re}(s) > 1$, 级数

$$\zeta(s) = \sum_{n=1}^\infty \frac{1}{n^s}$$

绝对收敛, 并定义了一个解析函数, 此函数称为 Riemann ζ 函数.

证明　因为被加数 $\frac{1}{n^s}$ 都是整函数, 因此仅需说明级数 $\sum_{n=1}^\infty |n^{-s}|$ 在 $\mathrm{Re}(s) >$

---

① 原书此处误写为 3.6 节. —— 译者注

1 中局部一致收敛即可. 在此范围内, 有

$$\begin{aligned}\frac{1}{\mathrm{Re}(s)-1} &= \left.\frac{x^{-\mathrm{Re}(s)}+1}{1-\mathrm{Re}(s)}\right|_1^\infty = \int_1^\infty x^{-\mathrm{Re}(s)}\mathrm{d}x \\ &= \int_2^\infty (x-1)^{-\mathrm{Re}(s)}\mathrm{d}x \geqslant \int_2^\infty [x]^{-\mathrm{Re}(s)}\mathrm{d}x \\ &= \sum_{n=2}^\infty n^{-\mathrm{Re}(s)} = \sum_{n=2}^\infty \left|\frac{1}{n^s}\right|,\end{aligned}$$

这里对 $x\in\mathbb{R}$, $[x]$ 是满足 $k\leqslant x$ 的最大整数 k. 这样就证明了引理. □

定理 A.2 (Riemann ζ 函数的函数方程)　Riemann ζ 函数 $\zeta(s)$ 可延拓为 $\mathbb{C}$ 上的亚纯函数, 除去单极点 $s=1$ 外, 它是解析的. 又对任意的 $s\in\mathbb{C}$, 函数

$$\xi(s)=\pi^{-s/2}\Gamma\left(\frac{s}{2}\right)\zeta(s)$$

满足

$$\xi(s)=\xi(1-s).$$

证明　注意到表达式 $\mathrm{d}t/t$ 在变换 $t\mapsto ct\,(c>0)$ 下不变, 而添加符号后在 $t\mapsto 1/t$ 下也不变. 由这些事实, 对 $\mathrm{Re}(s)>1$,

$$\begin{aligned}\xi(s) &= \zeta(s)\Gamma\left(\frac{s}{2}\right)\pi^{-s/2} = \sum_{n=1}^\infty\int_0^\infty n^{-s}t^{s/2}\pi^{-s/2}\mathrm{e}^{-t}\frac{\mathrm{d}t}{t} \\ &= \sum_{n=1}^\infty\int_0^\infty\left(\frac{t}{n^2\pi}\right)^{s/2}\mathrm{e}^{-t}\frac{\mathrm{d}t}{t} = \sum_{n=1}^\infty\int_0^\infty t^{s/2}\mathrm{e}^{-n^2\pi t}\frac{\mathrm{d}t}{t} \\ &= \int_0^\infty t^{s/2}\frac{1}{2}(\Theta(t)-1)\frac{\mathrm{d}t}{t}.\end{aligned}$$

将上述积分分为 $(0,1)$ 上和 $(1,\infty)$ 上的积分两部分. 因函数 $t\mapsto\Theta(t)-1$ 在 ∞ 处速降, 故后者

$$\int_1^\infty t^{s/2}\frac{1}{2}(\Theta(t)-1)\frac{\mathrm{d}t}{t}$$

是一个整函数. 而另一积分有

$$\begin{aligned}\int_0^1 t^{s/2}\frac{1}{2}(\Theta(t)-1)\frac{\mathrm{d}t}{t} &= \int_1^\infty t^{-s/2}\frac{1}{2}\left(\Theta\left(\frac{1}{t}\right)-1\right)\frac{\mathrm{d}t}{t} \\ &= \int_1^\infty t^{-s/2}\frac{1}{2}\left(\sqrt{t}\Theta(t)-1\right)\frac{\mathrm{d}t}{t} \\ &= \int_1^\infty t^{-s/2}\frac{1}{2}\left(\sqrt{t}(\Theta(t)-1)+\sqrt{t}-1\right)\frac{\mathrm{d}t}{t}.\end{aligned}$$

它等于两个整函数

$$\int_1^\infty t^{(1-s)/2}\frac{1}{2}(\Theta(t)-1)\frac{\mathrm{d}t}{t}$$

及

$$\frac{1}{2}\int_1^\infty t^{(1-s)/2}\frac{\mathrm{d}t}{t}-\frac{1}{2}\int_1^\infty t^{-s/2}\frac{\mathrm{d}t}{t}=\frac{1}{s-1}-\frac{1}{s}$$

之和. 综上, 有

$$\xi(s)=\int_1^\infty \left(t^{\frac{s}{2}}+t^{\frac{1-s}{2}}\right)\frac{1}{2}(\Theta(t)-1)\frac{\mathrm{d}t}{t}-\frac{1}{s-1}-\frac{1}{s}. \qquad \square$$

运用函数方程和已知的 Γ 函数的极点位置, 可以看出负偶数 $-2,-4,-6,\cdots$ 为函数 ζ 的零点, 称之为平凡零点. 可以证明所有其他的零点在带型域 $0<\mathrm{Re}(s)<1$ 中. Riemann 猜测所有非平凡零点应在集合 $\mathrm{Re}(s)=\dfrac{1}{2}$ 中, 但至今不能证明它. 由素数定理, Riemann 猜测关于素数分布有深刻的推论 [13].

构造 ζ 函数解析开拓的技巧属于 Riemann, 它也可用于其他的 Dirichlet 级数.

附录 B　Haar 积分

设 G 是一个 LC 群. 这里给出 Haar 积分存在性的证明.

定理 B.1　存在 G 上非零不变积分 I. 若 T' 是另一个非零不变积分, 则存在常数 $c > 0$, 使 $I' = cI$.

关于定理的唯一性部分, 我们说不变积分在带有数量因子的意义下是唯一的.

证明的思想类似于 $\mathbb{R}$ 上 Riemann 积分的构造. 为构造一个正函数的 Riemann 积分, 找一个阶梯函数, 它控制了给定的函数. 将区间的长度乘以控制函数的值再相加. 代替区间的特征函数, 也可以使用一个给定的具有紧支集的连续函数的平移, 而这实际上已用于一般情形.

证明　关于存在性部分, 令 $C_c^+(G)$ 是所有 $f \in C_c(G)$ 满足 $f \geqslant 0$ 的函数集合. 对于 $f, g \in C_c(G)$, $g \neq 0$, 存在 $c_j > 0$ 及 $s_j \in G$ 使得①

$$f(x) \leqslant \sum_{j=1}^{n} c_j g(s_j x).$$

记 $(f : g)$ 为

$$\inf\left\{\sum_{j=1}^{n} c_j \middle| c_1, \cdots, c_n > 0 \text{ 且存在 } s_1, \cdots, s_n \in G \text{ 使得 } f(x) \leqslant \sum_{j=1}^{n} c_j g(s_j x)\right\}.$$

引理 B.2　对 $f, g, h \in C_c^+(G)$, $g \neq 0$, 有

(a) 对任意的 $s \in G$, $(L_s f : g) = (f : g)$;

(b) $(f + h : g) \leqslant (f : g) + (h : g)$;

(c) 对 $\lambda \geqslant 0$, $(\lambda f : g) = \lambda (f : g)$;

(d) $f \leqslant h \Rightarrow (f : g) \leqslant (h : g)$;

(e) 若 $h \neq 0$, $(f : h) \leqslant (f : g)(g : h)$;

(f) $(f : g) \geqslant \dfrac{\max f}{\max g}$, 其中 $\max f = \max\{f(x) | x \in G\}$.

证明　(a)~(d) 均是平凡的. 对于 (e), 设 $f(x) \leqslant \sum_j c_j g(s_j x)$ 且 $g(y) \leqslant \sum_k d_k h(t_k y)$. 那么

$$f(x) \leqslant \sum_{j,k} c_j d_k h(t_k s_j x),$$

① 原书下式右边写为 $g(s_j^{-1} x)$, 为与下面论证过程一致, 现作此修改. —— 译者注

因此 $(f:h) \leqslant \sum_j c_j \sum_k d_k$.

关于 (f), 取 $x \in G$ 使 $\max f = f(x)$, 那么

$$\max f = f(x) \leqslant \sum_j c_j g(s_j x) \leqslant \sum_j c_j \max g. \qquad \square$$

固定 $f_0 \in C_c^+(G)$, $f_0 \neq 0$. 对 $f, \varphi \in C_c(G)$, $\varphi \neq 0$, 令

$$J(f,\varphi) = J_{f_0}(f,\varphi) = \frac{(f:\varphi)}{(f_0:\varphi)}.$$

引理 B.3　设 $f, h, \varphi \in C_c^+(G)$, 满足 $f, \varphi \neq 0$. 则有

(a) $\dfrac{1}{(f_0:f)} \leqslant J(f,\varphi) \leqslant (f, f_0)$;

(b) 对每一个 $s \in G$, $J(L_s f, \varphi) = J(f,\varphi)$;

(c) $J(f+h,\varphi) \leqslant J(f,\varphi) + J(h,\varphi)$;

(d) 对 $\lambda \geqslant 0$, $J(\lambda f, \varphi) = \lambda J(f,\varphi)$.

证明　这可由上面的引理得出. $\square$

函数 $f \mapsto J(f,\varphi)$ 并不给出一个积分, 因它不是可加的, 而仅是次可加的. 然而, 正如下面的引理所表明, 随着 φ 的支集收缩, 它将成为渐近可加的.

引理 B.4　给定 $f_1, f_2 \in C_c^+(G)$ 及 $\varepsilon > 0$, 存在 G 中单位元的邻域 V 使得

$$J(f_1,\varphi) + J(f_2,\varphi) \leqslant J(f_1+f_2,\varphi)(1+\varepsilon)$$

对所有支在 V 中的非零函数 $\varphi \in C_c^+(G)$ 成立.

证明　取 $f' \in C_c^+(G)$ 使得在 f_1+f_2 的支集上, f' 恒为 1, 这样函数的存在性可见习题 8.2. 对任意的 $\delta, \varepsilon > 0$, 令

$$f = f_1 + f_2 + \delta f', \quad h_1 = \frac{f_1}{f}, \quad h_2 = \frac{f_2}{f},$$

其中在 $f=0$ 处, 取 $h_j = 0$. 这样 $h_j \in C_c^+(G)$.

取单位元的一个邻域 V, 使得只要 $x^{-1}y \in V$, 有 $|h_j(x) - h_j(y)| < \varepsilon/2$. 若 $\operatorname{supp}(\varphi) \subset V$ 且 $f(x) \leqslant \sum_k c_k \varphi(s_k x)$, 那么 $\varphi(s_k x) \neq 0$ 蕴含了

$$|h_j(x) - h_j(s_k^{-1})| < \varepsilon/2,$$

且

$$\begin{aligned} f_j(x) &= f(x) h_j(x) \leqslant \sum_k c_k \varphi(s_k x) h_j(x) \\ &\leqslant \sum_k c_k \varphi(s_k x)\left(h_j(s_k^{-1}) + \frac{\varepsilon}{2}\right). \end{aligned}$$

故

$$(f_j:\varphi)\leqslant\sum_k c_k\left(h_j(s_k^{-1})+\frac{\varepsilon}{2}\right),$$

且有

$$(f_1:\varphi)+(f_2:\varphi)\leqslant\sum_k c_k(1+\varepsilon).$$

由此可得

$$\begin{aligned}J(f_1,\varphi)+J(f_2,\varphi)&\leqslant J(f,\varphi)(1+\varepsilon)\\&\leqslant\big(J(f_1+f_2,\varphi)+\delta J(f',\varphi)\big)(1+\varepsilon).\end{aligned}$$

令 $\delta\to 0$, 即得所需的结论. □

令 F 是 $C_c^+(G)$ 的一个可数子集, 且 V_F 是由所有平移 L_sf 张成的复向量空间, 其中 $s\in G$ 且 $f\in F$. 线性泛函 $I:V_F\to\mathbb{C}$ 称为 V_F 上的一个不变积分, 若对每一个 $s\in G$ 及 $f\in F$, $I(L_sf)=I(f)$, 且

$$f\in F\Longrightarrow I(f)\geqslant 0.$$

V_F 上的不变积分 I_F 称为可延拓的, 若对每一个包含 F 的可数集 $F'\subset C_c^+(G)$, 存在 $V_{F'}$ 上一个不变积分 $I_{F'}$ 延拓了 I_F.

引理 B.5　对每一个可数集 $F\subset C_c^+(G)$, 存在可延拓的不变积分 I_F, 它在带有数量因子的意义之下是唯一的.

证明　固定 G 上一个度量. 对 $n\in\mathbb{N}$, 令 $\varphi_n\in C_c^+(G)$ 是非零的, 且支在以单位元为中心的半径 $\dfrac{1}{n}$ 的开球中. 设对每一个 $x\in G$, $\varphi_n(x)=\varphi_n(x^{-1})$.

记 $F=\{f_1,f_2,\cdots\}$. 因数列 $J(f_1,\varphi_n)$ 位于紧区间 $[1/(f_0:f_1),(f_1:f_0)]$ 中, 故存在 φ_n 的子列 φ_n^1 使得 $J(f_1,\varphi_n^1)$ 收敛. 然后又存在 φ_n^1 的子列 φ_n^2, 使得 $J(f_2,\varphi_n^2)$ 也收敛. 重复上述过程, 得到子序列 (φ_n^j). 令 $\psi=\varphi_n^n$ 是对角序列, 则对每一个 $j\in\mathbb{N}$, 数列 $\big(J(f_j,\psi_n)\big)$ 收敛. 因此下面的定义是合理的:

$$I_{f_0,(\psi_n)_{n\in\mathbb{N}}}(f_j)\;=\;\lim_{n\to\infty}J(f_j,\psi_n).$$

由引理 B.4, 映射 I 可延拓为 V_F 上的线性泛函, 易见它是非零的不变积分.

这个积分是可延拓的, 因对每一个 $C_c^+(G)$ 中的可数集 $F'\supset F$, 可重复上述过程并获得 ψ_n 的一个子列. 而这并不改变 I_{f_0,ψ_n}, 因为收敛序列的每一个子列均收敛于相同的极限.

现证明唯一性. 记 $I_F=I_{f_0,\psi_n}$ 是刚才构造的不变积分. 令 I 是 V_F 上另一个可延拓的不变积分. 设 $f\in F$, $f\neq 0$, 我们将说明

$$I_{f_0,\psi_n}(f)=\frac{I(f)}{I(f_0)}.$$

由可延拓性假设, 在证明过程中, 将可方便地扩张 F. 设 $f \in F$, 且对某些正常数 d_j 和 G 的某些元素 s_j, $f(x) \leqslant \sum_{j=1}^m d_j\varphi(s_jx)$. 那么

$$I(f) \leqslant \sum_{j=1}^{m} d_j I(\varphi),$$

且因此

$$\frac{I(f)}{I(\varphi)} \leqslant (f:\varphi).$$

设 $\varepsilon > 0$, 因 f 是一致连续的, 则存在单位元邻域 V 使得对于 $x, s \in G$, 由 $x \in sV \Rightarrow |f(x) - f(s)| < \varepsilon$. 令 $\varphi \in C_c^+$, 在 V 外 φ 为零且满足 $\varphi(x) = \varphi(x^{-1})$. 设 C 是 G 中的可数稠密子集, 由引理 6.3.1 知, 这样集合的存在性是清楚的. 现设对每一个 $x \in C$, 函数 $s \mapsto f(s)\varphi(s^{-1}x)$ 在 F 中. 对 $x \in C$, 考虑

$$\int_G f(s)\varphi(s^{-1}x)\mathrm{d}s = I\big(f(\cdot)\varphi(\cdot^{-1}x)\big).$$

因为当 $x \in (sV)^c$ 时, $\varphi(s^{-1}x)$ 为零, 故

$$\begin{aligned}\int_G f(s)\varphi(s^{-1}s)\mathrm{d}s &> (f(x)-\varepsilon)\int_G \varphi(s^{-1}x)\mathrm{d}s \\ &= (f(x)-\varepsilon)\int_G \varphi(x^{-1}s)\mathrm{d}s \\ &= (f(x)-\varepsilon)I(\varphi).\end{aligned}$$

因此

$$(f(x)-\varepsilon) < \frac{1}{I(\varphi)}\int_G f(s)\varphi(s^{-1}x)\mathrm{d}s.$$

设 $\eta > 0$, 记 W 为单位元的邻域, 使得

$$x, y \in G,\quad x \in Wy \Longrightarrow |\varphi(x) - \varphi(y)| < \eta.$$

存在有限多个 $s_j \in G$ 及 $h_j \in C_c^+(G)$ 使得 h_j 的支集含在 s_jW 中, 且在 $\operatorname{supp}(f)$ 上

$$\sum_{j=1}^{m} h_j \equiv 1.$$

应用度量这样的函数是可以构造的 (见习题 8.2). 假设对每一个 j, 函数 $s \mapsto f(s)h_j(s)\varphi(s^{-1}x)$ 对每一个 $x \in C$ 都在 F 中. 那么由此得出

$$\int_G f(s)\varphi(s^{-1}x)\mathrm{d}s = \sum_{j=1}^{m}\int_G f(s)h_j(s)\varphi(s^{-1}x)\mathrm{d}s.$$

现 $h_j(s)\neq 0$ 蕴含了 $s\in s_jW$, 并有

$$\varphi(s^{-1}x)\leqslant\varphi(s_j^{-1}x)+\eta.$$

假设 $f\eta_j$ 在 F 中, 推出

$$\int_G f(s)\varphi(s^{-1}x)\mathrm{d}s\leqslant\sum_{j=1}^{m}I(fh_j)\big(\varphi(s_j^{-1}x)+\eta\big).$$

令 $c_j=I(h_jf)/I(\varphi)$, 那么 $\sum_j c_j=I(f)/I(\varphi)$ 且

$$f(x)\leqslant\varepsilon+\eta\sum_{j=1}^{m}c_j+\sum_{j=1}^{m}c_j\varphi(s_j^{-1}x).$$

设 $\chi\in C_c^+(G)$, 并使得在 $\mathrm{supp}(f)$ 上 $\chi\equiv 1$. 那么

$$f(x)\leqslant\left(\varepsilon+\eta\sum_{j=1}^{m}c_j\right)\chi(x)+\sum_{j=1}^{m}c_j\varphi(s_j^{-1}x).$$

此结果首先对于 $x\in C$ 是成立的, 再由 C 的稠密性知, 它对所有 $x\in G$ 也成立. 令 $\eta\to 0$ 得

$$(f:\varphi)\leqslant\varepsilon(\chi:\varphi)+\frac{I(f)}{I(\varphi)}.$$

因此

$$\frac{(f:\varphi)}{(f_0:\varphi)}\leqslant\varepsilon\frac{(\chi:\varphi)}{(f_0:\varphi)}+\frac{I(f)}{I(\varphi)(f_0:\varphi)}\leqslant\varepsilon\frac{(\chi:\varphi)}{(f_0:\varphi)}+\frac{I(f)}{I(f_0)}.$$

所以, 当 $\varepsilon\to 0$ 且 φ 跑遍所有 ψ_n 时, 有

$$I_{f_0,\psi_n}(f)\leqslant\frac{I(f)}{I(f_0)}.$$

现交换 f 和 f_0 的角色, 由相同的过程得到

$$I_{f,\psi_n}(f_0)\leqslant\frac{I(f_0)}{I(f)}.$$

注意到这些不等式两边关于 f 和 f_0 是反对称的, 因此, 由第二个不等式给出

$$I_{f_0,\psi_n}(f)=I_{f,\psi_n}(f_0)^{-1}\geqslant\left(\frac{I(f_0)}{I(f)}\right)^{-1}=\frac{I(f)}{I(f_0)}.$$

故有 $I_{f_0,\psi_n}(f)=I(f)/I(f_0)$, 引理得证. □

最后, 定理的证明过程如下. 对每一个包含 f_0 的可数集[②] $F \subset C_c^+(G)$ 使 $f_0 \in F$, 令 I_F 是满足 $I_F(f_0) = 1$ 的 V_F 上唯一可延拓的不变积分. 定义在所有 $C_c(G)$ 上的不变积分如下：对 $f \in C_c^+(G)$, 令

$$I(f) = I_{\{f_0,f\}}(f),$$

那么 I 是可加的. 这是因为对 $f, g \in C_c^+(G)$,

$$\begin{aligned} I(f+g) &= I_{\{f_0,f+g\}}(f+g) = I_{\{f_0,f,g\}}(f+g) \\ &= I_{\{f_0,f,g\}}(f) + I_{\{f_0,f,g\}}(g) = I_{\{f_0,f\}}(f) + I_{\{f_0,g\}}(g) \\ &= I(f) + I(g). \end{aligned}$$

这样 I 延拓为 $C_c(G)$ 上的不变积分, 其不变性由引理 B.5 是清楚的. □

② 原书误写为 $F \subset C_c^+(C)$. —— 译者注

索 引

B

伴随, 29
闭包, 64
表示, 99
表示的同构, 114
表示的直积分, 131
表示的中心特征, 121
不变度量, 80
不变积分, 83
不变子空间, 99
不可约表示, 99

C

稠密点列, 62
稠密子集, 20, 62
稠密子空间, 25

D

单调收敛, 31
等价度量, 61
等距同构, 66
等距映射, 20, 66
度量, 60
度量空间, 60
对合, 124
对偶群, 55, 75

F

范数, 18
方向极限, 73
非负函数, 82
分布的 Fourier 变换, 49
复共轭转置矩阵, 98

G

光滑函数, 17
广义函数, 45

H

缓增函数, 49
缓增分布, 46

J

积分, 82
紧空间, 64, 72
紧穷举, 65
紧支集, 44
局部紧, 65
局部可积, 43
局部 Riemann 可积, 45
局部一致收敛, 30
矩阵系数, 114
具紧支撑的分布, 51
卷积, 32, 118, 132

K

开覆盖, 72
开集, 63
开邻域, 64
可度量化的拓扑空间, 62
可度量化的 Abel 群, 69
可分的准 Hilbert 空间, 23
可数, 23
可延拓的不变积分, 140

控制收敛定理, 30

L

离散度量, 60
连续映射, 61
邻域, 64
路径连通, 103

M

模函数, 93

N

内积, 3
内积空间, 18

P

平方可积函数, 39

Q

强 Cauchy 列, 67

S

三角不等式, 60
射影极限, 73
生成元, 55
收敛点列, 61
算子范数, 123

T

特征, 55, 74, 118
同胚, 61
拓扑, 63
拓扑空间, 64

W

完备度量空间, 66
完备化, 66
完备空间, 21

X

吸收的穷举, 70
线性泛函, 82
线性映射的核, 124
循环群, 55

Y

依 L^2 范数收敛, 7
一致收敛, 7
酉表示, 99
酉表示的同构, 120
酉等价, 120
酉对偶, 120
酉映射, 20
有界算子, 123
有限秩算子, 132
有限子覆盖, 72
幺模群, 93

Z

正规算子, 104
正交基, 23
正交空间, 21, 124
正交系, 23
正则表示, 106
支集, 82
直径, 62
周期函数, 3
准 Hilbert 空间, 18
子覆盖, 72
左平移, 83
左正则表示, 106

其　　他

$*$ 表示, 104
$\mathbf{1}_A$, 10

δ 分布, 45
$\delta_{j,j'}$, 23
$\mathbb{T}$, 14
$\mathcal{B}(H)$, 123
$\mathcal{S}=\mathcal{S}(\mathbb{R})$, 35
σ 紧, 65
σ 局部紧, 65
$C(\mathbb{R}/\mathbb{Z})$, 3
$C^\infty(\mathbb{R})$, 44
$C^\infty(\mathbb{R}/\mathbb{Z})$, 4
$C_c^\infty(\mathbb{R})$, 44
$C_c^\infty(\mathbb{R})'$, 45
$C_c(G)$, 82
$C_c^+(G)$, 138
Cauchy-Schwarz 不等式, 18
Cauchy 列, 20, 65
Dirac 分布, 45, 82
e_k, 4
Fourier 变换, 34, 57, 88
Fourier 级数, 6
Fourier 系数, 5
Haar 积分, 84
Hilbert 空间, 21
Hilbert-Schmidt 范数, 125
Hilbert-Schmidt 算子, 126
Jacobi 等式, 105
Kronecker 函数, 23
$L^1(\mathbb{R})$, 69
L^2 核, 126
$L^2(G)$, 84
$L^2(\mathbb{R})$, 40, 51
$L^2_{bc}(\mathbb{R})$, 39
$L^1_{bc}(\mathbb{R})$, 32
LC 群, 81
LCA 群, 70
Lie 代数, 102
Lie 代数表示, 102
Plancherel 定理, 39, 40, 90, 128
Plancherel 测度零, 128
Pontryagin 对偶, 55, 75
Pontryagin 对偶性, 79
$R(\mathbb{R}/\mathbb{Z})$, 6
$\mathbb{R}^\times$, 69, 122
Riemann ξ 函数, 135
Riemann 猜测, 137
Riemann 积分, 10
Riemann 阶梯函数, 10
Riemann-Lebesgue 引理, 12, 35
span(a_j), 23
Schwartz 函数, 35, 128
Stone-Weierstrass 定理, 116
$Z(\mathcal{H})$, 119
$\hat{K}_{\text{fin}}$, 114

《现代数学译丛》已出版书目

(按出版时间排序)

1　椭圆曲线及其在密码学中的应用——导引　2007.12　〔德〕Andreas Enge　著　吴　铤　董军武　王明强　译

2　金融数学引论——从风险管理到期权定价　2008.1　〔美〕Steven Roman　著　邓欣雨　译

3　现代非参数统计　2008.5　〔美〕Larry Wasserman　著　吴喜之　译

4　最优化问题的扰动分析　2008.6　〔法〕J. Frédéric Bonnans　〔美〕Alexander Shapiro　著　张立卫　译

5　统计学完全教程　2008.6　〔美〕Larry Wasserman　著　张　波　等译

6　应用偏微分方程　2008.7　〔英〕John Ockendon, Sam Howison, Andrew Lacey & Alexander Movchan　著　谭永基　程　晋　蔡志杰　译

7　有向图的理论、算法及其应用　2009.1　〔丹〕J. 邦詹森　〔英〕G. 古廷　著　姚兵　张忠辅　译

8　微分方程的对称与积分方法　2009.1〔加〕乔治 W. 布卢曼　斯蒂芬 C. 安科　著　闫振亚　译

9　动力系统入门教程及最新发展概述　2009.8　〔美〕Boris Hasselblatt & Anatole Katok　著　朱玉峻　郑宏文　张金莲　阎欣华　译　胡虎翼　校

10　调和分析基础教程　2009.10　〔德〕Anton Deitmar　著　丁勇　译